概率论与数理统计

概要与训练

南昌航空大学《概率论与数理统计》课程组　编写

电子工业出版社·

Publishing House of Electronics Industry

北京·BEIJING

内容简介

本书是根据大学《概率论与数理统计》教学要求和实际教学的进程精心编写的。全书包含两大部分：第一部分为学习概要，以章为单位，集中了各章的主要概念、重要方法、定理（结论）和典型例题。第二部分为课程训练的练习题，练习题分为三类：基本题、提高题和复习题。基本题是针对每堂课的学习，是一般学生必须按时完成的题，目的是帮助学生掌握课堂教学内容；提高题（7*）难度较大，只有很好地掌握课堂教学内容的学生才能解答；复习题是每章之后方便同学综合该章所学，进一步提升能力而精心编制的，希望有助于学生学习。另外还附有若干训练试卷。作为公共基础课程，本书适合大学理、工、经、管等众多专业的学生学习。

图书在版编目（CIP）数据

概率论与数理统计概要与训练 / 南昌航空大学《概率论与数理统计》课程组编写 . —北京：电子工业出版社，2018.6

ISBN 978-7-121-34351-3

Ⅰ . ①概… Ⅱ . ①南… Ⅲ . ①概率论—高等学校—教学参考资料②数理统计—高等学校—教学参考资料 Ⅳ . ①O21

中国版本图书馆 CIP 数据核字（2018）第 115540 号

策划编辑： 祁玉芹
责任编辑： 祁玉芹
印　　刷： 中国电影出版社印刷厂
装　　订： 中国电影出版社印刷厂
出版发行： 电子工业出版社
　　　　　北京市海淀区万寿路 173 信箱　邮编　100036
开　　本： 787×1092　1/16　印张：7　字数：162 千字
版　　次： 2018 年 6 月第 1 版
印　　次： 2021 年 6 月第 5 次印刷
定　　价： 18.80 元

前言

PREFACE

为了帮助工科、经管等非数学类专业的大学生学好《概率论与数理统计》，我们组织了有多年教学经验的教师，根据大学《概率论与数理统计》教学要求和实际教学的进程，精心编写了本学习概要与训练。学习概要与训练分两大部分。第一部分为学习概要，以章为单位，集中了各章的主要概念、重要方法、定理（结论）和典型例题。第二部分为课程训练的练习题，练习题分为三类：基本题、提高题和复习题。基本题是针对每堂课的学习，是一般学生必须按时完成的题，目的是帮助学生掌握课堂教学内容；提高题（7*）难度较大，只有很好地掌握课堂教学内容的学生才能解答；复习题是每章之后方便同学综合该章所学，进一步提升能力而精心编制的，希望有助于学生学习。另外还附有若干训练试卷。

参加课程训练编写的教师有：李园庭副教授（第一、二章）；程筠讲师（2015 年江西省讲课大赛二等奖得主，第三、四章）；邢秋菊博士（第五、六章）；邹维林博士（第七、八章）。各章的学习概要部分的编写，本书策划、组稿、统稿、审核等都由雷呈凤教授完成。

本课程训练经历了多次大范围的试用、调整、修改，使用效果良好，确实对工科学生学习《概率论与数理统计》有较大帮助。其中根据使用具体情况，做了三次较大的调整和补充，前两次均由李园庭副教授负责，同时每次大的调整和补充之后都进行了认真负责的审阅。

本课程训练的内容涵盖了盛骤等编写的《概率论与数理统计》的第一至第八章，建议读者和该书一起使用。同时建议广大读者不要使用、发表、出版任何解答、答案等，以免影响其他读者独立自主学习而影响到训练效果。由于种种原因，本课程训练的不足之处在所难免，欢迎各位批评指正。

编者

2018 年于南昌

目录

C O N T E N T S

第一章　随机事件及其概率

随机试验

随机试验具有下列特点：

1. 可重复性：试验可以在相同的条件下重复进行；

2. 可观察性：试验结果可观察，所有可能的结果是明确的；

3. 不确定性：每次试验出现的结果事先不能准确预知。

概率的统计定义

在相同条件下重复进行 n 次试验，若事件 A 发生的频率 $f_n(A) = \dfrac{r_n(A)}{n}$ 随着试验次数 n 的增大而稳定地在某个常数 P $(0 \leqslant p \leqslant 1)$ 附近摆动，则称 P 为事件的概率，记为 $P(A)$。

概率的公理化定义

设 E 是随机试验，S 是它的样本空间，对于 E 的每一个事件 A 赋予一个实数，记为 $P(A)$，若 $P(A)$ 满足下列三个条件：

1. 非负性：对每一个事件 A，有 $P(A) \geqslant 0$；

2. 完备性：$P(S) = 1$；

3. 可列可加性：设 $A_1, A_2, \cdots$ 是两两互不相容的事件，则有 $P(\bigcup\limits_{i=1}^{\infty} A_i) = \sum\limits_{i=1}^{\infty} P(A_i)$。

则称 $P(A)$ 为事件 A 的概率。

古典概型

我们称具有下列两个特征的随机试验模型为古典概型：

1. 随机试验只有有限个可能的结果；

2. 每一个结果发生的可能性大小相同。

因而古典概型又称为等可能概型。在概率论的产生和发展过程中，它是最早的研究对象，且在实际中也是最常用的一种概率模型。它在数学上可表述为：

在古典概型的假设下，我们来推导事件概率的计算公式。设事件 A 包含其样本空间 S 中 k 个基本事件，即 $A = \{e_{i_1}\} \cup \{e_{i_2}\} \cup \cdots \cup \{e_{i_k}\}$，则事件 A 发生的概率 $P(A) = P(\bigcup\limits_{j=1}^{k} e_{i_j}) = \sum\limits_{j=1}^{k} P(e_{i_j})$

$$= \frac{k}{n} = \frac{A\text{包含的基本事件数}}{S\text{中基本事件的总数}}$$，称此概率为古典概率，这种确定概率的方法称为古典方法。这就把求古典概率的问题转化为对基本事件的计数问题。

几何概型

古典概型只考虑了有限等可能结果的随机试验的概率模型。这里我们进一步研究样本空间为一线段、平面区域或空间立体等的等可能随机试验的概率模型——几何概型。

1. 设样本空间 S 是平面上某个区域，它的面积记为 $\mu(S)$；

2. 向区域 S 内随机投掷一点，这里"随机投掷一点"的含义是指该点落入 S 内任何部分区域 A 的可能性只与区域 A 的面积 $\mu(A)$ 成比例，而与区域 A 的位置和形状无关。向区域 S 内随机投掷一点，该点落在区域 A 的的事件仍记为 A，则 A 概率为 $P(A) = \lambda\mu(A)$，其中 λ 为常数，而 $P(S) = \lambda\mu(S)$，于是得 $\lambda = \dfrac{1}{\mu(S)}$，从而事件 A 的概率为：

$$P(A) = \frac{\mu(A)}{\mu(S)}$$

条件概率

设 A, B 是两个事件，且 $P(A) > 0$，则称

$$P(B \mid A) = \frac{P(AB)}{P(A)} \tag{1}$$

为在事件 A 发生的条件下，事件 B 的条件概率。相应地，把 $P(B)$ 称为无条件概率。

乘法公式

由条件概率的定义立即得到：

$$P(AB) = P(A)P(B \mid A) \quad (P(A) > 0)$$

注意到 $AB = BA$，及 A, B 的对称性可得到：

$$P(AB) = P(B)P(A \mid B) \quad (P(B) > 0)$$

以上两式都称为乘法公式，利用它们可计算两个事件同时发生的概率。

全概率公式

全概率公式是概率论中的一个基本公式。它是一个复杂事件的概率计算问题，可化为在不同情况或不同原因或不同途径下发生的简单事件的概率的求和问题。

定理 设 $A_1, A_2, \cdots, A_n, \cdots$ 是一个完备事件组，且 $P(A_i) > 0, i = 1, 2, \cdots$ 则对任一事件 B，有：

$$P(B) = P(A_1)P(B \mid A_1) + \cdots + P(A_n)P(B \mid A_n) + \cdots$$

贝叶斯公式

利用全概率公式，可通过综合分析一事件发生的不同原因、情况或途径及其可能性来

求得该事件发生的概率。下面给出的贝叶斯公式则考虑与之完全相反的问题，即一事件已经发生，要考察该事件发生的各种原因、情况或途径的可能性。例如，有三个放有不同数量和颜色的球的箱子，现从任一箱中任意摸出一球，发现是红球，求该球是取自 1 号箱的概率；或问，该球取自哪号箱的可能性最大？

定理 设 $A_1, A_2, \cdots, A_n, \cdots$ 是一完备事件组，则对任一事件 B，$P(B) > 0$，有：

$$P(A_i \mid B) = \frac{P(A_i B)}{P(B)} = \frac{P(A_i)P(B \mid A_i)}{\sum_j P(A_j)P(B \mid A_j)}, \qquad i = 1, 2, \cdots \quad 贝叶斯公式。$$

两个事件的独立性

定义 若两个事件 A，B 满足：

$$P(AB) = P(A)P(B) \tag{1}$$

则称 A，B 独立，或称 A，B 相互独立。

注：当 $P(A) > 0$，$P(B) > 0$ 时，A，B 相互独立与 A，B 互不相容不能同时成立。但 $\varnothing$ 与 S 既相互独立又互不相容(自证)。

定理 设 A，B 是两个事件，且 $P(A) > 0$，若 A，B 相互独立，则 $P(A \mid B) = P(A)$。反之亦然。

定理 设 A，B 是两个事件，若事件 A，B 相互独立，则下列各对事件也相互独立：A 与 $\overline{B}$，$\overline{A}$ 与 B，$\overline{A}$ 与 $\overline{B}$。

有限个事件的独立性

定义 设 A, B, C 为三个事件，若满足等式：

$$P(AB) = P(A)P(B),$$
$$P(AC) = P(A)P(C),$$
$$P(BC) = P(B)P(C),$$
$$P(ABC) = P(A)P(B)P(C),$$

则称事件 A, B, C 相互独立。

对 n 个事件的独立性，可类似写出其定义：

定义 设 $A_1, A_2, \cdots, A_n$ 是 n 个事件，若其中任意两个事件之间均相互独立，则称 $A_1, A_2, \cdots, A_n$ 两两独立。

相互独立性的性质

性质 1 若事件 $A_1, A_2, \cdots, A_n$ $(n \geq 2)$ 相互独立，则其中任意 $k(1 < k \leq n)$ 个事件也相互独立。

由独立性定义可直接推出。

性质 2 若 n 个事件 $A_1, A_2, \cdots, A_n$ $(n \geq 2)$ 相互独立，则将 $A_1, A_2, \cdots, A_n$ 中任意 $m(1 \leq m \leq n)$ 个事件换成它们的对立事件，所得的 n 个事件仍相互独立。

性质 3 设 $A_1, A_2, \cdots, A_n$ 是 n $(n \geq 2)$ 个随机事件，则 $A_1, A_2, \cdots, A_n$ 相互独立 $\underset{\leftarrow}{\overset{\rightarrow}{}}$ $A_1, A_2, \cdots, A_n$ 两

两独立。

伯努利概型

设随机试验只有两种可能的结果：事件 A 发生(记为 A)或事件 A 不发生(记为 $\overline{A}$)，则称这样的试验为伯努利(Bermourlli)试验。设 $P(A)=p$, $P(\overline{A})=1-p,(0<p<1)$，将伯努利试验独立地重复进行 n 次，称这一串重复的独立试验为 n 重伯努利试验，或简称为伯努利概型。

定理（伯努利定理）设在一次试验中，事件 A 发生的概率为 $p(0<p<1)$，则在 n 重伯努利试验中，事件 A 恰好发生 k 次的概率为 $P\{X=k\}=C_n^k p^k (1-p)^{n-k},(k=0,1,\cdots,n)$ 。

推论 设在一次试验中，事件 A 发生的概率为 $p(0<p<1)$，则在 n 重伯努利试验中，事件 A 在第 k 次试验中的才首次发生的概率为 $p(1-p)^{k-1},(k=0,1,\cdots,n)$ 。

第一章第一次作业　　　班级＿＿＿＿＿＿＿姓名＿＿＿＿＿＿＿学号＿＿＿＿＿＿＿

1. 设 A，B 为两个随机事件，通过 A，B 的运算关系在空白内分别写出下列事件及其对立事件。（1）A 发生，但 B 不发生＿＿＿＿＿＿＿，其对立事件为＿＿＿＿＿＿＿；（2）A，B 最多只有一个发生＿＿＿＿＿＿＿，其对立事件为＿＿＿＿＿＿＿。

2. 将骰子掷二次，观察出现的点数，则该试验的样本空间的样本点总数是＿＿＿＿＿＿＿；如果将掷第一次出现的点数记为 x，掷第二次出现的点数记为 y，将样本点写成坐标 (x, y)，则：

满足 $x + y = 5$ 的样本点是＿＿＿＿＿＿＿；

满足 $x + y \leqslant 5$ 的样本点是＿＿＿＿＿＿＿。

3. 某人旅行，用 P、T 和 S 分别表示他所选择的交通工具是飞机、火车和船，假设他可选择的交通工具是这三种之一，则下面等式成立的是（　　　）。

　　A. $\bar{P} = \overline{T \cap S}$ 　　　　　　　　　　B. $\bar{P} = T \cup S$

　　C. $\bar{P} = T \cap S$ 　　　　　　　　　　D. $\bar{P} = \overline{T \cup S}$

4. 以 A 表示"甲种产品畅销，乙种产品滞销"，则其对立事件 $\bar{A}$ 为（　　　）。

　　A. 甲、乙两种产品均畅销　　　　　　B. 甲种产品滞销

　　C. 甲种产品滞销或乙种产品畅销　　　D. 甲种产品滞销，乙种产品畅销

5. 化简事件 $[\overline{A} \cup (\overline{AB})](\overline{A} \cup B) \cup \overline{AB}$。

6. 设 A，B，C 为三个事件，用 A，B，C 的运算关系表示下面事件：（1）$M=\{A$，B，C 中至少有两个发生$\}$；（2）$N=\{A$ 不发生，但 B，C 中至少有一个发生$\}$；（3）$P=\{A$，B，C 中不多于一个发生$\}$；（4）$Q=\{$只有 B 发生$\}$。

7*. 事件 A，B，C 满足等式 $A \cup C = B \cup C$，问 $A = B$ 是否成立？如果成立，请证明；如果不成立，举出反例。

第一章第二次作业　　班级＿＿＿＿＿＿＿姓名＿＿＿＿＿＿＿学号＿＿＿＿＿＿＿

1. 如果完成一项任务有 r 类办法，第 i 类办法有 m_i 种不同的方法($i = 1,2,\cdots,r$)，则完成这项任务的方法总数为＿＿＿＿＿＿；又如果完成一项任务，必须经过 r 个步骤，而完成第 i 个步骤有 n_i 种不同的方法($i = 1,2,\cdots,r$)，则完成这项任务的方法总数为＿＿＿＿＿。

2. 从 $1,2,\cdots,9$ 这 9 个数中依次取 5 次，每次取一个数进行排列，则排成的 5 位数中没有重复数字的有＿＿＿＿＿个；又如果从这 9 个数中一次任取 5 个数（只取一次），则所有可能的不同结果有个＿＿＿＿＿。

3. 在 A，C，C，C，E，E，I，N，S 9 个字母中随机地取 7 个字母排成一行，那么恰好排成英文单词 SCIENCE 的概率为（　　　）。

　　A. $\dfrac{4}{9!}$　　　　　　　　　　　B. $\dfrac{24}{9!}$

　　C. $\dfrac{12}{7!}$　　　　　　　　　　　D. $\dfrac{3}{7!}$

4. 袋中有 5 个黑球、4 个白球，大小相同，一次随机地摸出 4 个球，其中恰好有 3 个黑球的概率是（　　　）。

　　A. $\dfrac{C_4^1}{C_9^4}$　　　　　　　　　　B. $\dfrac{C_5^3}{C_9^4}$

　　C. $\dfrac{C_5^3 C_4^1}{C_9^4}$　　　　　　　　　D. $\dfrac{C_5^3}{C_5^4}$

5. 从 1,2,…,9 这 9 个数字中任取 3 个不同的数字，事件 $A=\{$ 三个数字中不含 3 或不含 5 或不含 7$\}$，求 $P(A)$。

6. 4 封信随机地投入 10 个邮筒，求前 5 个邮筒没有信的概率及每个邮筒最多只有一封信的概率。

7*. 从 5 双不同的鞋子中任取 4 只，这 4 只鞋子中至少有 2 只配成一双的概率是多少？

第一章第三次作业   班级_____姓名_____学号_____

1. 从 $1,2,\cdots,9$ 这 9 个整数中任取 1 个，记事件 $A = \{$取得的数为奇数$\}$，事件 $B = \{$取得的数为素数$\}$（只能被 1 和自己整除的整数称为素数。注意：1 不是素数），则 $P(B\,|\,A) = $_____。

2. 一批零件共 100 个，次品率为 10%。每次从中取一个，作不放回抽样，则第一次取得次品，且第二次和第三次取得合格品的概率为_____。

3. 一批产品中一，二，三等品分别占 70%，20%，10%，从中随意取出一件，结果不是二等品，则取到的是一等品的概率为（   ）。

A. $\dfrac{7}{10}$ B. $\dfrac{7}{8}$

C. $\dfrac{2}{7}$ D. $\dfrac{2}{3}$

4. 已知 $P(B) > 0$，$A_1 A_2 = \phi$，则下列结论不成立的是（   ）。

A. $P(A_1\,|\,B) \geqslant 0$ B. $P(\overline{A_1 A_2}\,|\,B) = 1$

C. $P(A_1 A_2\,|\,B) = 0$ D. $P[(A_1 \bigcup A_2)\,|\,B] = P(A_1\,|\,B) + P(A_2\,|\,B)$

5. 设甲袋装有 6 个红球，4 个白球；乙袋装有 3 个红球，5 个白球。今从甲袋中任取二球放入乙袋，再从乙袋中任取一球，问取到白球的概率是多少？

6. 已知盒子中有 5 个红球、3 个白球和 2 个黄球，从中先后两次取球，每次任取 1 个，作不放回抽样。（1）若已知第二次取到红球，求第一次也取到红球的概率；（2）若第二次取到的不是红球，求第一次取到的也不是红球的概率。

7*. 设 10 件产品中有 4 件不合格，从中取两件，已知所取的两件产品中有一件是不合格的，求另一件也是不合格的产品的概率。

第一章第四次作业　　班级_____　姓名_____　学号_____

1. 设事件 A 与 B 相互独立，且 $P(B)=0.3, P(A\cup B)=0.58$，则 $P(\overline{A}\,|\,B)=$_____。

2. 设事件 A 与 B 互不相容，$P(A)=0.4$，$P(A\cup B)=0.7$，则 $P(B)=$_____。

3. 从 $1,2,\cdots,9$ 这 9 个数字中任取一个数，用 A 表示取到的数是 2 或 4 或 6；用 B 表示取到的数不超过 3，用 C 表示取到的数大于 6。下述论断不正确的是（　　　）。

  A. A 与 B 相互独立　　　　　　　B. B 与 C 相互独立

  C. A 与 C 不相互独立　　　　　　D. B 与 C 互不相容

4. 设 $P(A)>0, P(B)>0$，且 A,B 为互不相容事件，下述论断正确的是（　　　）。

  A. $P(A\,|\,B)=0$　　　　　　　　　　B. $P(\overline{B}\,|\,\overline{A})=0$

  C. $P(A\,|\,B)=P(A)$　　　　　　　　D. $P(AB)=P(A)P(B)$

5. 设 $P(A\cup B\cup C)=0.8$，$P(A)=0.5$，$P(B)=0.4$，$P(C)=0.3$，A,B,C 三个事件两两相互独立。（1）求 $P(ABC)$；（2）问 A,B,C 是否相互独立？

6. 设袋中有 m 个红球，n 个白球（$m>2,n>2$），随机地从袋中取两次球，每次取 1 个，作不放回抽样，用 A 表示第 1 次取到红球，用 B 表示第 2 次取到红球。（1）求 $P(A)$ 和 $P(B)$；（2）事件 A 与 B 是否独立？

7*. 袋中有 m 个正品币值，n 个次品币值（次品硬币两面均印有花纹）。在袋中任取 1 个，将它投掷 r 次，已知每次都得到花纹，问这个硬币是正品的概率是多少？

第一章复习题　　　班级＿＿＿＿＿＿＿姓名＿＿＿＿＿＿＿学号＿＿＿＿＿＿＿

1. 设当事件 A 和 B 同时发生时，事件 C 必发生，则（　　　）。

   A. $P(C) \geqslant P(A) + P(B) - 1$　　　　　B. $P(C) = P(A) + P(B) - 1$

   C. $P(C) = P(AB)$　　　　　D. $P(C) = P(A \cup B)$

2. 袋中有 2 个 5 分、3 个 2 分、5 个 1 分的硬币，任意取出 5 个，求总数超过 1 角的概率。

3. 已知 A, B 两个事件满足条件 $P(AB) = P(\overline{A}\,\overline{B})$，且 $P(A) = p$，求 $P(B)$。

4. 有两箱同种类型的零件，第一箱装 50 个，其中有 10 个是一等品；第二箱装 30 个，其中有 18 个是一等品。今从两箱中任取一箱，然后从该箱中取零件两次，每次任取一个，作不放回抽样。试求：（1）第一次取到的零件是一等品的概率；（2）在第一次取到的零件是一等品的条件下，第二次取到的也是一等品的概率。

5. 抽签时抽出的 n 根签中有 a 根彩签，试求抽签者在第 k 次抽中彩签的概率为多少？

6. 盒中装有 5 个红球和 3 个白球，袋中装有 4 个红球和 3 个白球。从盒中任取 3 个球放入袋中，然后从袋中取任 1 个球。（1）求这个球是红球的概率；（2）若已知从袋中所取的 1 个球是红球，求从盒中取出的 3 个球中没有红球的概率。

第二章　随机变量及其分布

随机变量的定义

设随机试验的样本空间为 S，称在样本空间 S 上的实值单值函数 $X = X(e)$ 为随机变量。

随机变量与高等数学中函数的比较：

（1）它们都是实值函数，但前者在试验前只知道它可能取值的范围，而不能预先肯定它将取哪个值；

（2）因试验结果的出现具有一定的概率，故前者取每个值和每个确定范围内的值也有一定的概率。

离散型随机变量及其概率分布

定义 设离散型随机变量 X 的所有可能取值为 $x_i (i = 1, 2, \cdots)$，称 $P\{X = x_i\} = p_i \ (i = 1, 2, \cdots)$ 为 X 的概率分布或分布律，也称概率函数。

常用表格形式来表示 X 的概率分布：

X	x_1	x_2	$\cdots$	x_n	$\cdots$
p_i	p_1	p_2	$\cdots$	p_n	$\cdots$

二项分布的泊松近似

定理 1（泊松定理）在 n 重伯努利试验中，事件 A 在每次试验中发生的概率为 p_n（注意这与试验的次数 n 有关），如果 $n \to \infty$ 时，$np_n \to \lambda$（$\lambda > 0$ 为常数），则对任意给定的 k，有

$$\lim_{n \to \infty} b(k, n, p_n) = \frac{\lambda^k}{k!} \mathrm{e}^{-\lambda}。$$

随机变量的分布函数

定义 设 X 是一个随机变量，称 $F(x) = P(X \leqslant x) \ (-\infty < x < +\infty)$ 为 X 的分布函数，有时记作 $X \sim F(x)$ 或 $F_X(x)$。

分布函数的性质

1. 单调非减，若 $x_1 < x_2$，则 $F(x_1) \leqslant F(x_2)$；

2. $F(-\infty) = \lim\limits_{x \to -\infty} F(x) = 0$，$F(+\infty) = \lim\limits_{x \to +\infty} F(x) = 1$；

3. 右连续性，即 $\lim\limits_{x \to x_0^+} F(x) = F(x_0)$。

连续型随机变量及其概率密度

定义 如果对随机变量 X 的分布函数 $F(x)$，存在非负可积函数 $f(x)$，使得对于任意实数 x 有：

$$F(x) = P\{X \leqslant x\} = \int_{-\infty}^{x} f(t)\mathrm{d}t$$

则称 X 为连续型随机变量，称 $f(x)$ 为 X 的概率密度函数，简称为概率密度或密度函数。

关于概率密度的说明

1. 对一个连续型随机变量 X，若已知其概率密度函数 $f(x)$，则根据定义，可求得其分布函数 $F(x)$，同时，还可求得 X 的取值落在任意区间 $(a,b]$ 上的概率：

$$P\{a < X \leqslant b\} = F(b) - F(a) = \int_{a}^{b} f(x)\mathrm{d}x$$

2. 连续型随机变量 X 取任一指定值 $a(a \in R)$ 的概率为 0。

3. 若 $f(x)$ 在点 x 处连续，则 $F'(x) = f(x)$。（1）

定理 设 $X \sim N(\mu, \sigma^2)$, 则 $Y = \dfrac{X - \mu}{\sigma} \sim N(0,1)$。

定理 设随机变量 X 具有概率密度函数 $f_X(x), x \in (-\infty, +\infty)$，又设 $y = g(x)$ 处处可导且恒有 $g'(x) > 0$(或恒有 $g'(x) < 0$)，则 $Y = g(X)$ 是一个连续型随机变量，其概率密度函数为：

$$f_Y(y) = \begin{cases} f[h(y) \mid h'(y)], & \alpha < y < \beta \\ 0, & \text{其他} \end{cases}$$

其中，$h(y) = x$，是 $y = g(x)$ 的反函数，且 $\alpha = \min(g(-\infty), g(+\infty))$，$\beta = \max(g(-\infty), g(+\infty))$。

第二章第一次作业　　　班级_____姓名_____学号_____

1. 已知随机变量 X 的分布律是 $P\{X=k\}=aq^k$, $k=1,2,\cdots$, 其中 $a>0$ 是已知常数，则常数 $q=$_____。

2. 设在 4 次独立试验中，每次试验事件 A 出现的概率均为 P，若已知事件 A 刚好出现 2 次的概率为 $\dfrac{3}{8}$，则 A 在一次试验中出现的概率 $p=$_____；用 X 表示该试验中事件 A 出现的次数，则 X 的分布律是_____。

3. 设 X 为一离散型随机变量，则下列（　　）可以作为 X 的分布律。
    A. $0.2,0.3,0.25,0.3$　　　　　　　　B. $a,ap,\cdots,ap^{n-1},p^n$ $(n\geqslant 1,0<p<1,a=1-p)$
    C. $\dfrac{e^n}{n!},n=1,2\cdots$　　　　　　　　D. $C_n^k p^k(1-p)^{n-k},k=1,2,3,\cdots,n$ $(n\geqslant 1,0<p<1)$

4. 已知 $P\{X=k\}=\dfrac{c\lambda^k}{k!}e^{-\lambda}(k=0,1,2,\cdots)$ 是随机变量 X 的分布律，则 λ,c 须满足（　　）。
    A. $\lambda>0$　　　　　　　　　　B. $c>0$
    C. $c>0,\lambda>0$　　　　　　　　D. $c\lambda>0$

5. 从 0, 1, 2, 3 这 4 个数中同时任取 2 个数，以 X 表示取出的这 2 个数之和，求随机变量 X 的分布律，并求 $P(\{X \leqslant 1\} \bigcup \{0 < X \leqslant 3\})$ 和 $P(\{X \leqslant 1\} \bigcap \{0 < X \leqslant 3\})$。

6. 一大楼内装有 5 个同类型的供水设备，调查表明在同一时刻 t 每个设备能被使用的概率为 0.2，用 X 表示在同一时刻 t 该类设备同时被用到的数量，求 X 的分布律，并求在同一时刻至少有 3 个设备被使用的概率。

7*. 设 $X \sim b(n, p)$，分布律为 $P\{X = k\} = C_n^k p^k (1-p)^{n-k}, k = 0, 1, 2, \cdots, n$，问当 k 为何值时，$P\{X = k\}$ 最大？

第二章第二次作业　　班级＿＿＿＿＿＿姓名＿＿＿＿＿＿学号＿＿＿＿＿＿

1. 设连续性随机变量 X 的分布函数是 $F(x) = \begin{cases} 0, & x \leqslant 0 \\ 1 - Ae^{-2x}, & 0 < x < +\infty \end{cases}$，则 $A = $ ＿＿＿＿＿＿，$P\{X \leqslant 2\} = $ ＿＿＿＿＿＿。

2. 从 -1，-1，0，2，2，2，3，3 这 8 个数字中任取一个数，用 X 表示所取到的数值，又记 X 的分布函数是 $F(x)$，则 $F(0) = $ ＿＿＿＿＿＿，$F(4) = $ ＿＿＿＿＿＿，$P\{X = 4\} = $ ＿＿＿＿＿＿，又 X 分布律是：＿＿＿＿＿＿。

3. 下列函数中，可以作为某一随机变量的分布函数的是（　　　）。

A. $F(x) = \begin{cases} (1 - e^{-|x|}), & |x| < 1 \\ 0, & |x| \geqslant 1 \end{cases}$

B. $F(x) = \begin{cases} 1 - \dfrac{1}{e}(1 + x)^{\frac{1}{x}}, & x > 0 \\ 0, & x \leqslant 0 \end{cases}$

C. $F(x) = \dfrac{x^2}{1 + x^2}$；

D. $F(x) = \begin{cases} \dfrac{x}{1 + x}, & x > 0 \\ 0, & x \leqslant 0 \end{cases}$

4. 设随机变量 X 的分布函数是 $F(x)$，且 $F(x) = \int_{-\infty}^{x} f(t)dt$，则（　　　）。

A. $f(x) = \begin{cases} xe^{-x}, & 0 < x < 1 \\ 0, & 其他 \end{cases}$

B. $f(x) = \begin{cases} xe^{-x}, & -1 < x < 1 \\ 0, & 其他 \end{cases}$

C. $f(x) = \begin{cases} xe^{-x}, & 0 < x < +\infty \\ 0, & 其他 \end{cases}$

D. $f(x) = \begin{cases} xe^{-x}, & -\infty < x < +\infty \\ 0, & 其他 \end{cases}$

5. 将一枚骰子抛掷 3 次，观察出现 6 点的次数。用 X 表示出现 6 点的次数，求 X 的分布律和分布函数。

6. 设离散型随机变量 X 的分布函数是 $F(x) = \begin{cases} 0, & x < -1 \\ 0.4, & -1 \leqslant x < 2 \\ 0.7, & 2 \leqslant x < 3 \\ 1, & x \geqslant 3 \end{cases}$，求 X 的分布律和

$P\{\{X < 0\} \bigcup \{X = 4\}\}$。

7*. 甲、乙两人投篮，投中的概率分别为 0.6, 0.7，今各投 3 次，求：（1）两人投中次数相等的概率；（2）甲比乙投中次数多的概率。

第二章第三次作业 班级_____姓名_____学号_____

1. 已知随机变量 ξ 服从 $(0,5)$ 上的均匀分布，则方程 $4x^2 + 4\xi x + \xi + 6 = 0$ 有实根的概率是_____。

2. 设连续性随机变量 X 的分布函数为 $F(x) = \begin{cases} 1 - A(x^2+1)\mathrm{e}^{-x^2}, & x \geqslant 0 \\ 0, & x < 0 \end{cases}$，则常数 $A = $\_\_\_\_，$X$ 的概率密度函数为 $f(x) = $_____。

3. 下列函数中，可以作为某一随机变量的概率密度函数的是（　　　）。

A. $f(x) = \begin{cases} \mathrm{e}^{-2x}, & x > 0 \\ 0, & x \leqslant 0 \end{cases}$　　　　B. $f(x) = \begin{cases} \dfrac{2x}{(1+x^2)^2}, & x > 0 \\ 0, & x \leqslant 0 \end{cases}$

C. $f(x) = \dfrac{1}{1+x^2}$　　　　D. $f(x) = \dfrac{x}{(1+x^2)^2}$

4. 要使函数 $\cos x$ 是某随机变量 X 的概率密度函数，则 X 的取值范围是（　　　）。

A. $[0, \pi]$　　　　　　　　　B. $[0, 2\pi]$

C. $[-\dfrac{\pi}{2}, 0]$　　　　　　　D. $[-\dfrac{\pi}{2}, \dfrac{\pi}{2}]$

5. 设随机变量 X 的概率密度函数是 $f(x) = \begin{cases} A|x|, & -1 < x < 1 \\ 0, & \text{其他} \end{cases}$。

（1）求常数 A；（2）求随机变量 X 的分布函数；（3）求 $P\{(-2 < X \leqslant -\frac{1}{2}) \bigcup (-1 < X \leqslant 0)\}$；

（4）求 $P\{(0 < X \leqslant 1) \bigcup (X = 2)\}$。

6. 以 X 表示某商店从早晨开始营业直到第一位顾客到达的等待时间（以分计），X 的

分布函数是 $F_X(x) = \begin{cases} 1 - e^{-\frac{x}{2}}, & x \geqslant 0 \\ 0, & x < 0 \end{cases}$，求下述概率：（1） $P\{X \leqslant 2\}$；（2） $P\{3 \leqslant X \leqslant 4\}$；（3）

$P\{X = 2.5\}$。

7*. 设某种型号的器件的寿命 X（以小时计）具有概率密度函数 $f(x) = \begin{cases} \dfrac{1000}{x^2}, & x > 1000 \\ 0, & \text{其他} \end{cases}$，

现有一大批此种器件，各个器件损坏与否相互独立，任取 5 个。问其中至少有 2 个寿命大
于 1500 h 的概率是多少？

第二章第四次作业　班级_____姓名_____学号_____

1. 设随机变量 X 的分布函数为 $F_X(x)$，则随机变量 $Y=(X+1)^3$ 的分布函数为 $F_Y(y)=$ _____。

2. 若随机变量 X 服从参数是 1，σ^2（$\sigma>0$）的正态分布，且 $P\{1<X<2\}=0.15$，则 $P\{X\leqslant 0\}=$_____；　$P\{0<X<2\}=$_____。

3. 设随机变量 X 服从正态分布 $N(\mu,\sigma^2)$，则（　　）。
   A. 对任何实数 $a\geqslant 0$，有 $P\{X\leqslant -a\}=1-P\{X\leqslant a\}$
   B. 只有当 $\mu=0$ 时，A 才正确
   C. 只有当 $\mu=0,\sigma=1$ 时，A 才正确
   D. 以上都不正确

4. 设随机变量 X 的分布律为：

X	-2	-1	0	1	2
P	1/5	0	2/5	1/5	1/5

则 $Y=X^2$ 的分布律为（　　）。

A.

Y	0	1	4
P	$\dfrac{4}{25}$	$0+\dfrac{1}{25}$	$\dfrac{1}{25}+\dfrac{1}{25}$

B.

Y	0	1	4
P	$\dfrac{2}{5}$	$\dfrac{1}{5}$	$\dfrac{2}{5}$

C.

Y	4	1	0	1	4
P	$\dfrac{1}{5}$	0	$\dfrac{2}{5}$	$\dfrac{1}{5}$	$\dfrac{1}{5}$

D.

Y	4	1	0	1	4
P	$\dfrac{1}{25}$	0	$\dfrac{4}{25}$	$\dfrac{1}{25}$	$\dfrac{1}{25}$

5. 用 10 元钱购买两种商品，商品 A 的单价是 3 元，用 X 表示购买商品 A 的数量，其分布律是：

X	0	1	2	3
p	0.2	0.3	0.3	0.2

购买商品 A 所余下的钱尽可能多买商品 B，商品 B 的单价是 4 元。用 Y 表示购买商品 B 的数量，求 Y 的分布律。

6. 设随机变量 X 服从标准正态分布，求 $Y = X^2$ 的概率密度函数（称随机变量 Y 为服从自由度是 1 的 χ^2 分布，即 $Y \sim \chi^2(1)$）。

7*. 假设随机变量 X 服从参数为 $1/2$ 的指数分布，证明：随机变量 $Y = 1 - \mathrm{e}^{-2X}$ 服从区间 $[0,1]$ 上均匀分布。

第二章复习题　　　　班级＿＿＿＿＿＿姓名＿＿＿＿＿＿学号＿＿＿＿＿＿

1. 设随机变量 X 具有对称的概率密度函数 $f(x)$，即 $\forall x$，成立 $f(x)=f(-x)$，又 $F(x)$ 是随机变量 X 的分布函数，则对任意的常数 $a>0$，$P\{|X|>a\}=$（　　　）。

    A. $2[1-F(a)]$　　　　　　　　B. $2F(a)-1$

    C. $2-F(a)$　　　　　　　　　　D. $1-2F(a)$

2. 设随机变量 X 服从正态分布 $N(108,9)$，（1）求 $P\{101.1<X<116\}$；（2）求常数 $a>0$，使得 $P\{|X-108|>a\}=0.01$。

3. 在电源电压不超过 $200\,\text{V}$、$200\sim240\,\text{V}$ 和超过 $240\,\text{V}$ 三种状态下，某种电子元件损坏的概率分别是 $0.1,0.001$ 和 0.2，假设电源电压 X 服从正态分布 $N(220,25^2)$，求：（1）该电子元件损坏的概率；（2）该电子元件损坏时，电源电压在 $200\sim240\,\text{V}$ 的概率。

4. 某机器生产的螺栓长度（cm）服从参数 $\mu = 10.05, \sigma = 0.06$ 的正态分布，规定长度在范围 10.05 ± 0.12 内为合格品，求一螺栓为不合格品的概率。

5. 一口袋中有 8 个球，分别标有数字 -2, -1, 1, 1, 1, 2, 2, 3，从袋中随机取一个，以 X 表示球上的数字。（1）写出 X 的分布律；（2）求随机变量 $Y = 2X^2 + 1$ 的分布律。

6. 设随机变量 X 的概率密度函数是 $f_X(x) = \dfrac{1}{\pi(1+x^2)}$，求随机变量 $Y = 1 - \sqrt[3]{X}$ 的概率密度函数和分布函数。

第三章 多维随机变量及其分布

二维随机变量

定义 1 设随机试验的样本空间为 $S = \{e\}$，$e \in S$ 为样本点，而
$$X = X(e), Y = Y(e)$$
是定义在 S 上的两个随机变量，称 (X, Y) 为定义在 S 上的二维随机变量或二维随机向量。

二维随机变量的分布函数

定义 2 设 (X, Y) 是二维随机变量，对任意实数 x, y，二元函数
$$F(x, y) = P\{(X \leqslant x)\} \bigcap P\{(Y \leqslant y)\} \overset{\text{记为}}{=\!=\!=} P\{X \leqslant x, Y \leqslant y\}$$
称为二维随机变量 (X, Y) 的分布函数或称为随机变量 X 和 Y 的联合分布函数。

联合分布函数的性质

1. $0 \leqslant F(x, y) \leqslant 1$, 且对任意固定的 y, $F(-\infty, y) = 0$,

对任意固定的 x, $F(x, -\infty) = 0$, $F(-\infty, -\infty) = 0$, $F(+\infty, +\infty) = 1$;

2. $F(x, y)$ 关于 x 和 y 均为单调非减函数，即

对任意固定的 y, 当 $x_2 > x_1$, $F(x_2, y) \geqslant F(x_1, y)$,

对任意固定的 x, 当 $y_2 > y_1$, $F(x, y_2) \geqslant F(x, y_1)$;

3. $F(x, y)$ 关于 x 和 y 均为右连续，即 $F(x, y) = F(x + 0, y), F(x, y) = F(x, y + 0)$。

二维连续型随机变量及其概率密度函数

定义 设 (X, Y) 为二维连续型随机变量，$F(x, y)$ 为其分布函数，若存在一个非负可积的二元函数 $f(x, y)$，使对任意实数 (x, y)，有：
$$F(x, y) = \int_{-\infty}^{x} \int_{-\infty}^{y} f(s, t) \mathrm{d}s \mathrm{d}t$$

则称 (X, Y) 为二维连续型随机变量，并称 $f(x, y)$ 为 (X, Y) 的概率密度函数(简称密度或密度函数)，或 X, Y 的联合概率密度函数(简称密度或联合密度函数)。

概率密度函数 $f(x, y)$ 的性质

（1） $f(x, y) \geqslant 0$;

（2）$\int_{-\infty}^{\infty} \int_{-\infty}^{\infty} f(x,y)\mathrm{d}x\mathrm{d}y = F(+\infty, +\infty) = 1$;

（3）设 D 是 xOy 平面上的区域，点 (X,Y) 落入 D 内的概率为

$$P\{(x,y) \in D\} = \iint_D f(x,y)\mathrm{d}x\mathrm{d}y$$

边缘分布函数

边缘分布函数 $F_X(x) = P\{X \leqslant x\} = P\{X \leqslant x, Y < +\infty\}$

$$= \int_{-\infty}^{x} \int_{-\infty}^{+\infty} f(s,t)\mathrm{d}s\mathrm{d}t = \int_{-\infty}^{x} \left[\int_{-\infty}^{+\infty} f(s,t)\mathrm{d}t \right]\mathrm{d}s$$

上式表明：X 是连续型随机变量，且其密度函数为：$f_X(x) = \int_{-\infty}^{+\infty} f(x,y)\mathrm{d}y$。同理，$Y$ 是连续型随机变量，且其密度函数为：$f_Y(y) = \int_{-\infty}^{+\infty} f(x,y)\mathrm{d}x$。分别称 $f_X(x)$ 和 $f_Y(y)$ 为 (X,Y) 关于 X 和 Y 的边缘密度函数。

若 $f(x,y)$ 在点 (x,y) 连续，则有 $\dfrac{\partial^2 F(x,y)}{\partial x \partial y} = f(x,y)$。进一步，根据偏导数的定义，可推得：当 $\Delta x, \Delta y$ 很小时，有 $P\{x < X \leqslant x + \Delta x, y < Y \leqslant y + \Delta y\} \approx f(x,y)\Delta x \Delta y$，即 (X,Y) 落在区间 $(x, x + \Delta x] \times (y, y + \Delta y]$ 上的概率近似等于 $f(x,y)\Delta x \Delta y$。

条件分布函数

设 X 是一个随机变量，其分布函数为 $F_X(x) = P\{X \leqslant x\}, -\infty < x < +\infty$，若另外有一事件 A 已经发生，并且 A 的发生可能会对事件 $\{X \leqslant x\}$ 发生的概率产生影响，则对任一给定的实数 x，记 $F(x \mid A) = P\{X \leqslant x \mid A\}, -\infty < x < +\infty$，并称 $F(x \mid A)$ 为在 A 发生的条件下，X 的条件分布函数。

随机变量的独立性

定义 设随机变量 (X,Y) 的联合分布函数为 $F(x,y)$，边缘分布函数为 $F_X(x)$、$F_Y(y)$，若对任意实数 x,y，有 $P\{X \leqslant x, Y \leqslant y\} = P\{X \leqslant x\}P\{Y \leqslant y\}$，即 $F(x,y) = F_X(x)F_Y(y)$，则称随机变量 X 和 Y 相互独立。

关于随机变量的独立性，有下列两个定理。

定理 1 随机变量 X 与 Y 相互独立的充要条件是 X 所生成的任何事件与 Y 生成的任何事件独立，即对任意实数集 A、B，有 $P\{X \in A, Y \in B\} = P\{X \in A\}P\{Y \in B\}$。

定理 2 如果随机变量 X 与 Y 相互独立，则对任意函数 $g_1(x)$、$g_2(y)$ 均有 $g_1(X)$、$g_2(Y)$ 相互独立。

离散型随机变量的条件分布与独立性

设 (X,Y) 是二维离散型随机变量，其概率分布为 $P\{X = x_i, Y = y_j\} = p_{ij}$ $(i, j = 1, 2, \cdots)$ 则由条件概率公式，当 $P\{Y = y_j\} > 0$，有：

$$P\{X = x_i \mid Y = y_j\} = \frac{P\{X = x_i, Y = y_j\}}{P\{Y = y_j\}} = \frac{p_{ij}}{p_{\cdot j}} \quad (i = 1, 2, \cdots)$$

称其为在 $Y = y_j$ 条件下随机变量 X 的条件概率分布。

对离散型随机变量 (X, Y)，其独立性的定义等价于：

若对 (X, Y) 的所有可能取值 (x_i, x_j)，有 $P\{X = x_i, Y = y_j\} = P\{X = x_i\}P\{Y = y_j\}$

即 $p_{ij} = p_i p_j$ $(i, j = 1, 2, \cdots)$ 则称 X 和 Y 相互独立。

连续型随机变量的条件密度与独立性

定义 设二维连续型随机变量 (X, Y) 的概率密度函数为 $f(x, y)$，边缘概率密度函数为 $f_X(x), f_Y(y)$，则对一切使 $f_X(x) > 0$ 的 x，定义在 $X = x$ 的条件下 Y 的条件概率密度函数为 $f_{Y|X}(y \mid x) = \dfrac{f(x, y)}{f_X(x)}$。即当 $f(x, y) = f_X(x)f_Y(y)$，则称 X 和 Y 相互独立。

离散型随机变量的函数的分布

设 (X, Y) 是二维离散型随机变量，$g(x, y)$ 是一个二元函数，则 $g(X, Y)$ 作为 (X, Y) 的函数是一个随机变量，如果 (X, Y) 的概率分布为

$$P\{X = x_i, Y = y_j\} = p_{ij} \quad (i, j = 1, 2, \cdots)$$

设 $Z = g(X, Y)$ 的所有可能取值为 $z_k, k = 1, 2, \cdots$，则 Z 的概率分布为

$$P\{Z = z_k\} = P\{g(X, Y) = z_k\} = \sum_{g(x_i, y_j) = z_k} P\{X = x_i, Y = y_j\}, k = 1, 2, \cdots,$$

连续型随机变量的函数的分布

设 (X, Y) 是二维连续型随机变量，其概率密度函数为 $f(x, y)$，令 $g(x, y)$ 为一个二元函数，则 $g(X, Y)$ 是 (X, Y) 的函数。

可用类似于求一元随机变量函数分布的方法来求 $Z = g(X, Y)$ 的分布。求分布函数 $F_Z(z)$。

（1）求分布函数 $F_Z(z)$，$F_Z(z) = P\{Z \leqslant z\} = P\{g(X, Y) \leqslant z\} = P\{(X, Y) \in D_z\} = \iint\limits_{D_z} f(x, y)\mathrm{d}x\mathrm{d}y$。

其中，$D_z = \{(x, y) \mid g(x, y) \leqslant z\}$。

（2）求其概率密度函数 $f_Z(z)$，对几乎所有的 z，有 $f_Z(z) = F_Z'(z)$。

第三章第一次作业 班级＿＿＿＿＿＿姓名＿＿＿＿＿＿学号＿＿＿＿＿＿

1. 若 (X,Y) 的分布函数用 $F(x,y)$ 表示，则 $P\{X \leqslant a, c < Y \leqslant d\} =$ ＿＿＿＿＿＿＿。

2. 已知二维随机变量 (X,Y) 的分布律为

Y ＼ X	0	1
1	1 / 6	1 / 3
3	1 / 4	1 / 4

则 $F(4,0) =$ ＿＿＿＿＿＿， $F(2,2) =$ ＿＿＿＿＿＿

3. 如果二维随机变量 (X,Y) 的概率密度函数为 $f(x,y) = \begin{cases} 6, & 0 < x^2 \leqslant y \leqslant x < 1 \\ 0, & 其他 \end{cases}$，则

$P\{0 < X < \dfrac{1}{2},\ 0 < Y < \dfrac{1}{2}\} = $（ ）。

    A. 1 / 4   B. 1 / 2

    C. 1 / 8   D. 5 / 6

4. 下列二元函数中，（ ）可以作为某连续型二维随机变量的概率密度函数。

    A. $f(x,y) = \begin{cases} \cos x, & -\dfrac{\pi}{2} \leqslant x \leqslant \dfrac{\pi}{2},\ 0 \leqslant y \leqslant 1 \\ 0, & 其他 \end{cases}$ B. $f(x,y) = \begin{cases} \cos x, & 0 \leqslant x \leqslant \pi,\ 0 \leqslant y \leqslant 1 \\ 0, & 其他 \end{cases}$

    C. $f(x,y) = \begin{cases} \cos x, & -\dfrac{\pi}{2} \leqslant x \leqslant \dfrac{\pi}{2},\ 0 \leqslant y \leqslant 1/2 \\ 0, & 其他 \end{cases}$ D. $f(x,y) = \begin{cases} \cos x, & 0 \leqslant x \leqslant \pi,\ 0 \leqslant y \leqslant \dfrac{1}{2} \\ 0, & 其他 \end{cases}$

5. 设 二 维 随 机 变 量 (X,Y) 的 分 布 函 数 为 $F(x,y) = A(B + \arctan\frac{x}{3})(C + \arctan\frac{y}{2})$，$-\infty < x, y < +\infty$。（1）求常数 A, B, C；（2）求 (X,Y) 的概率密度函数。

6. 设二维随机变量 (X,Y) 的概率密度函数是 $f(x,y) = \begin{cases} c(1-y), & 0 < x < y < 1 \\ 0, & \text{其他} \end{cases}$。（1）求常数 c；（2）求 $P\{Y < 2X\}$。

7*. 设二维随机变量 (X,Y) 的分布律为

Y \ X	0	2
0	1/4	1/3
1	1/4	1/6

求 (X,Y) 的分布函数。

第三章第二次作业　班级＿＿＿＿＿＿姓名＿＿＿＿＿＿学号＿＿＿＿＿＿

1. 设二维随机变量 (X,Y) 的分布函数为 $F(x,y)=\begin{cases}(1-e^{-x})(1-e^{-y}), & x>0,y>0 \\ 0, & \text{其他}\end{cases}$，则关于 Y 的边缘分布函数 $F_Y(y)=$ ＿＿＿＿＿＿。

2. 设平面区域 D 由曲线 $y=\dfrac{1}{x}$，直线 $y=0,x=1,x=e^2$ 围成，二维随机变量 (X,Y) 在区域 D 上服从均匀分布，则 (X,Y) 关于 X 的边缘概率密度函数 $f_X(x)$ 在 $x=3$ 处的值为＿＿＿＿＿＿。

3. 设二维随机变量 (X,Y) 的分布函数为 $F(x,y)=\begin{cases}\dfrac{(1-e^{-x})y^2}{1+y^2}, & x>0,y>0 \\ 0, & \text{其他}\end{cases}$，则 $P\{-2<X<2\}=$（　　　）。

  A. $1-e^{-1}$ B. $1-e^{-2}$

  C. $1-2e^{-1}$ D. $1-2e^{-2}$

4. 设二维随机变量 (X,Y) 的分布律如下表，则（　　　）。

X　Y	−1	0	1	2
0	0	3/8	0	0
1	1/8	0	a	0
4	0	0	0	1/8

  A. $a=\dfrac{3}{8},P\{X=1\}=\dfrac{4}{8}$ B. $a=\dfrac{3}{8},P\{Y=1\}=\dfrac{4}{8}$

  C. $a=\dfrac{1}{8},P\{Y=1\}=\dfrac{2}{8}$ D. $a=\dfrac{1}{8},P\{X=1\}=\dfrac{2}{8}$

5. 将一枚均匀的硬币抛掷 3 次，X 表示 3 次中正面朝上的次数，Y 表示正反面出现次数之差的绝对值，求 (X, Y) 的联合分布律和边缘分布律。

6. 设二维随机变量 (X, Y) 的概率密度函数为 $f(x, y) = \begin{cases} e^{-x}, & 0 < y < x \\ 0, & \text{其他} \end{cases}$，求边缘概率密度函数 $f_X(x), f_Y(y)$。

7*. 某箱装有 100 件产品，其中一、二、三等品分别为 70、20、10 件，现从中随机抽取 1 件，记 $X_i = \begin{cases} 1, & \text{若抽到} i \text{等品} \\ 0, & \text{其他} \end{cases}$，$i = 1, 2, 3$，求 X_1 与 X_2 的联合分布律和边缘分布律。

第三章第三次作业　班级_____姓名_____学号_____

1. 若二维随机变量 (X,Y) 的分布律为

Y＼X	0	1	2
0	1/6	1/3	0
1	0	1/6	1/3

则在 $Y=1$ 的条件下，X 的条件分布律为_____。

2. 设二维随机变量 (X,Y) 的概率密度函数为 $f(x,y)=\begin{cases}8xy, & 0<x<y<1 \\ 0, & 其他\end{cases}$，则 $f_{X|Y}(x|y)=$

_____。

3. 若二维随机变量 (X,Y) 的分布律为

X＼Y	0	1
0	0.3	a
1	b	0.2

若事件 $\{X=0\}$ 与事件 $\{X+Y=1\}$ 相互独立，则（　　）。

  A. $a=0.3, b=0.2$ B. $a=0.4, b=0.1$

  C. $a=0.2, b=0.2$ D. $a=0.1, b=0.4$

4. 设二维随机变量 (X,Y) 的概率密度函数为 $f(x,y)=\begin{cases}4xy, & 0<x<1,0<y<1 \\ 0, & 其他\end{cases}$，则 X 与

Y 为（　　）的随机变量。

  A. 独立同分布   B. 不独立同分布

  C. 独立不同分布   D. 不独立也不同分布

5. 设 X 与 Y 相互独立，下表是随机变量 X 与 Y 的联合分布律及边缘分布律的部分数值，试将其余数值填入表中空白处并写出解题过程。

Y＼X	x_1	x_2	$P\{Y=y_j\}$
y_1		1/8	1/6
y_2	1/8		
y_3			
$P\{X=x_i\}$			1

6. 设二维随机变量的概率密度函数为 $f(x,y)=\begin{cases} e^{-y}, & 0<x<y \\ 0, & 其他 \end{cases}$。（1）求条件概率 $P\{Y\leqslant 1 \mid X\leqslant 1\}$；（2）求概率 $P\{Y\leqslant 1 \mid X=\frac{1}{2}\}$。

7*. 设随机变量 Y 服从正态分布 $N(m,T^2)$，在 $Y=y$ 的条件下，X 的条件分布为 $N(y,\sigma^2)$。求 X 和 Y 的联合概率密度函数。

第三章第四次作业　班级_____姓名_____学号_____

1. 二维随机变量 (X,Y) 的分布律如下：

Y \ X	-1	1	2
-1	$5/20$	$2/20$	$6/20$
1	$3/20$	$3/20$	$1/20$

则 $Z = XY$ 的分布律为_____。

2. 设相互独立的两个随机变量 X,Y 具有同一分布律，且 X 的分布律为

X	0	2
p	$3/4$	$1/4$

则 $Z = X + Y$ 的分布律为_____。

3. 设 X,Y 相互独立，它们的分布函数分别为 $F_X(x),F_Y(y)$，则 $Z = \max\{X,Y\}$ 的分布函数为（　　）。

    A. $F_Z(z) = F_X(z)F_Y(z)$ B. $F_Z(z) = \max\{|F_X(z)|,|F_Y(z)|\}$

    C. $F_Z(z) = \max\{F_X(z),F_Y(z)\}$ D. 都不是

4. 设二维随机变量 (X,Y) 的概率密度函数为 $f(x,y) = \begin{cases} 2-x-y, & 0<x<1,0<y<1 \\ 0, & 其他 \end{cases}$，则 $Z = X + Y$ 的概率密度函数为：（　　）。

    A. $f_Z(z) = \begin{cases} z(2-z), & 0<z<1 \\ (2-z)^2, & 1 \leqslant z<2 \\ 0, & 其他 \end{cases}$ B. $f_Z(z) = \begin{cases} (2-z)^2, & 0<z<1 \\ z(2-z), & 1 \leqslant z<2 \\ 0, & 其他 \end{cases}$

    C. $f_Z(z) = \begin{cases} z(2z-z^2), & 0<z<1 \\ (2-z)^2, & 1 \leqslant z<2 \\ 0, & 其他 \end{cases}$ D. $f_Z(z) = \begin{cases} z^2(2-z), & 0<z<1 \\ (2-z)^2, & 1 \leqslant z<2 \\ 0, & 其他 \end{cases}$

5. 设 X,Y 独立同分布，且 X 的概率密度函数为 $f(x)=\begin{cases}e^{-x}, & x>0 \\ 0, & \text{其他}\end{cases}$，求 $Z=X/Y$ 的概率密度。

6. 设二维随机变量 (X,Y) 的分布律为

Y＼X	0	1
0	P_{00}	P_{01}
1	P_{10}	P_{11}
2	P_{20}	P_{21}

求 $M=\max\{X,Y\}$ 和 $N=\min\{X,Y\}$ 的分布律。

7*. 设 X 与 Y 相互独立且都服从同一几何分布：$P\{X=k\}=P\{Y=k\}=q^{k-1}p$，$k=1,2,\cdots$，其中 $p+q=1$ 且 $p>0,q>0$，求 $Z=\max\{X,Y\}$ 的分布律。

第三章复习题　　　　班级＿＿＿＿＿＿＿＿姓名＿＿＿＿＿＿＿＿学号＿＿＿＿＿＿＿＿

1. 设随机变量 $X_i \sim \begin{pmatrix} -2 & 0 & 2 \\ 1/4 & 1/2 & 1/4 \end{pmatrix}$, $(i=1,2)$，且满足 $P\{X_1 X_2 = 0\} = 1$，则 $P\{X_1 \neq X_2\} =$

（　）。

    A. 0　　　　　　　　　　　　　　　B. 1/4

    C. 1/2　　　　　　　　　　　　　　D. 1

2. 设二维随机变量 (X,Y) 的概率密度函数为 $f(x,y) = \begin{cases} e^{-(x+y)}, x > 0, \ y > 0 \\ 0, \qquad 其他 \end{cases}$。求 $Z = X - Y$ 的概率密度函数。

3. 设 X,Y 是两个随机变量，且 $P\{X \geqslant 0, Y \geqslant 0\} = \dfrac{3}{7}$，$P\{X \geqslant 0\} = P\{Y \geqslant 0\} = \dfrac{4}{7}$。求 $P\{\max\{X,Y\} \geqslant 0\}$。

4. 设二维随机变量 (X,Y) 的概率密度函数为 $f(x,y) = \begin{cases} cxe^{-y}, & 0 < x < y < +\infty \\ 0, & \text{其他} \end{cases}$。求 $Z = 2X - Y$ 的概率密度函数。

5. 若 (X,Y) 在 $|X| + |Y| \leqslant 1$ 上服从均匀分布。求 $Z = X + Y$ 的概率密度函数。

6. 设二维随机变量 (X,Y) 的概率密度函数为 $f(x,y) = \begin{cases} e^{-y}, & 0 < x < y \\ 0, & \text{其他} \end{cases}$。求 X 和 Y 的联合分布函数。

第四章　随机变量的数字特征

离散型随机变量的数学期望

定义 设 X 是离散型随机变量的概率分布为 $P\{X = x_i\} = p_i, i = 1, 2, \cdots$ 如果 $\sum_{i=1}^{\infty} x_i p_i$ 绝对收敛，则定义 X 的数学期望（又称均值）为 $E(X) = \sum_{i=1}^{\infty} x_i p_i$ 。

连续型随机变量的数学期望

定义 设 X 是连续型随机变量，其密度函数为 $f(x)$，如果 $\int_{-\infty}^{\infty} x f(x) \mathrm{d}x$ 绝对收敛，定义 X 的数学期望为 $E(X) = \int_{-\infty}^{\infty} x f(x) dx.$

随机变量函数的数学期望

定理 1 设 X 是一个随机变量，$Y = g(X)$，且 $E(Y)$ 存在，则

（1）若 X 为离散型随机变量，其概率分布为 $P\{X = x_i\} = p_i$，　　　$i = 1, 2, \cdots$
则 Y 的数学期望为 $E(Y) = E[g(X)] = \sum_{i=1}^{\infty} g(x_i) p_i$ 。

（2）若 X 为连续型随机变量，其概率密度函数为 $f(x)$，则 Y 的数学期望为

$$E(Y) = E[g(X)] = \int_{-\infty}^{\infty} g(x) f(x) \mathrm{d}x 。$$

数学期望的性质

1. 设 C 是常数，则 $E(C) = C;$
2. 若 k 是常数，则 $E(kX) = kE(X);$
3. $E(X_1 + X_2) = E(X_1) + E(X_2);$
4. 设 X, Y 独立，则 $E(XY) = E(X)E(Y)$ 。

方差

定义 1 设 X 是一个随机变量，若 $E[(X - E(X)]^2$ 存在，则称它为 X 的方差，记为

$$D(X) = E[X - E(X)]^2$$

方差的算术平方根 $\sqrt{D(X)}$ 称为标准差或均方差，它与 X 具有相同的度量单位。

方差的计算

若 X 是离散型随机变量，分布为 $P\{X = x_i\} = p_i, i = 1, 2, \cdots$ 则 $D(X) = \sum\limits_{i=1}^{\infty} [x_i - E(X)]^2 p_i$；

若 X 是连续型随机变量，且其概率密度函数为 $f(x)$，则 $D(X) = \int_{-\infty}^{\infty} [x_i - E(X)]^2 f(x) \mathrm{d}x$。

利用数学期望的性质，易得计算方差的一个简化公式： $D(X) = E(X^2) - [E(X)]^2$。

方差的性质

1. 设 C 是常数，则 $D(C) = 0$；

2. 若 X 是随机变量，若 C 是常数，则 $D(CX) = C^2 D(X)$；

3. 设 X, Y 是两个随机向量，则

$$D(X \pm Y) = D(X) + D(Y) \pm 2E(X - E(X))(Y - E(Y));$$

特别地，若 X, Y 相互独立，则 $D(X \pm Y) = D(X) + D(Y)$。

协方差的定义

设 (X, Y) 为二维随机向量，若 $E\{[X - E(X)][Y - E(Y)]\}$ 存在，则称其为随机变量 X 和 Y 的协方差，记为 $Cov(X, Y)$，即 $\mathrm{cov}(X, Y) = E\{[X - E(X)][Y - E(Y)]\}$。

协方差的性质

1. 协方差的基本性质

（1） $\mathrm{cov}(X, X) = D(X)$；

（2） $\mathrm{cov}(X, Y) = \mathrm{cov}(Y, X)$；

（3） $\mathrm{cov}(aX, bY) = ab\,\mathrm{cov}(X, Y)$，其中 a, b 是常数；

（4） $\mathrm{cov}(C, X) = 0, C$ 为任意常数；

（5） $\mathrm{cov}(X_1 + X_2, Y) = \mathrm{cov}(X_1, Y) + \mathrm{cov}(X_2, Y)$；

（6） 若 X 与 Y 相互独立时，则 $\mathrm{cov}(X, Y) = 0$。

2. 随机变量和的方差与协方差的关系 $D(X + Y) = D(X) + D(Y) + 2\mathrm{cov}(X, Y)$；

特别地，若 X 与 Y 相互独立时，则 $D(X + Y) = D(X) + D(Y)$。

相关系数

定义 设 (X, Y) 为二维随机变量， $D(X) > 0, D(Y) > 0$，称 $\rho_{XY} = \dfrac{Cov(X, Y)}{\sqrt{D(X)D(Y)}}$ 为随机变量 X 和 Y 的相关系数，有时也记 ρ_{XY} 为 ρ，特别地，当 $\rho_{XY} = 0$ 时，称 X 与 Y 不相关。

相关系数的性质

1. $|\rho_{XY}| \leqslant 1$;

2. 若 X 和 Y 相互独立，则 $\rho_{XY} = 0$；

3. 若 $DX > 0, DY > 0$，则 $|\rho_{XY}| = 1$ 当且仅当存在常数 $a, b(a \neq 0)$。使 $P\{Y = aX + b\} = 1$，而且当 $a > 0$ 时，$\rho_{XY} = 1$；当 $a < 0$ 时，$\rho_{XY} = -1$。

第四章第一次作业　班级＿＿＿＿＿＿姓名＿＿＿＿＿＿学号＿＿＿＿＿

1. 设 X 的分布律为:

X	-1	0	2
p	$\dfrac{1}{3}$	$\dfrac{1}{3}$	$\dfrac{1}{3}$

则 $E(2X^2+5) = $ ＿＿＿＿＿＿＿＿。

2. 设随机变量 X 的概率密度函数为 $f(x) = \begin{cases} \dfrac{x}{8}, 0 < x < 4 \\ 0, 其他 \end{cases}$ ，则 $E(X) = $ ＿＿＿＿＿＿＿＿。

3. 设 X 服从参数为 1 的指数分布，则 $E(X + \mathrm{e}^{-3X}) = $ （　　　）。

　　A. 1　　　　　　　　　　　　B. $\dfrac{1}{2}$

　　C. $\dfrac{5}{4}$　　　　　　　　　　　D. $\dfrac{4}{5}$

4. 设 X 的概率密度函数为 $f(x) = \begin{cases} ax+b, 1 < x \leqslant 2 \\ 0, 其他 \end{cases}$ ，且 $E(X) = \dfrac{19}{12}$ ，则 a 和 b 的值为（　　）。

　　A. $a=1, b=\dfrac{1}{2}$　　　　　　　　B. $a=\dfrac{1}{2}, b=-1$

　　C. $a=\dfrac{1}{2}, b=1$　　　　　　　　D. $a=1, b=-\dfrac{1}{2}$

5. 设随机变量 (X,Y) 的概率密度函数是 $f(x,y) = \begin{cases} x+y, & 0 < x < 1, 0 < y < 1 \\ 0, & \text{其他} \end{cases}$，求 $E(X+Y), E(XY)$。

6. 设随机变量 X 的分布函数为 $F(x) = \begin{cases} 0, & x < 1 \\ 0.2, & 1 \leqslant x < 2 \\ 0.5, & 2 \leqslant x < 3 \\ 1, & x \geqslant 3 \end{cases}$，求 $E(X)$ 和 $E(3X^2 - 4)$。

7*. 一袋中装有 3 个球，标有数字 1，2，2，从中任取一个，不放回袋中，再任取一个，每次取球时，各球被取到的可能性相等，X,Y 分别表示第一次，第二次取到的球上标有的数字，求 $E(XY)$。

第四章第二次作业　班级_____姓名_____学号_____

1. 设随机变量 X 服从参数为 2 的泊松分布，则 $E(3X) =$ _____， $D(-X+5) =$ _____ $E(4X^2+9) =$ _____

2. 设随机变量 X 与 Y 相互独立，且 $X \sim N(1,4), Y \sim N(-2,5)$，则 $Z = 3X - Y + 5$ 的数学期望为_____，方差为_____。

3. 设连续型随机变量 X 的概率密度函数为 $f(x) = \begin{cases} ax, & 0 < x < 2 \\ cx + b, & 2 \leqslant x \leqslant 4 \\ 0, & \text{其他} \end{cases}$，$E(X) = 2, D(X) = \dfrac{2}{3}$，则（　　）。

    A. $a = \dfrac{1}{4}, b = 1, c = -\dfrac{1}{4}$ B. $a = -\dfrac{1}{4}, b = 1, c = \dfrac{1}{4}$

    C. $a = \dfrac{1}{2}, b = -1, c = \dfrac{1}{4}$ D. $a = \dfrac{1}{2}, b = 1, c = -\dfrac{1}{4}$

4. 设 X 服从泊松分布，$P\{X = 1\} = P\{X = 2\}$，则 $D(X) =$ （　　）。

    A. 4   B. 0

    C. 2   D. 都不对

5. 设连续型随机变量 X 的分布函数为 $F(x)=\begin{cases}0, & x<0 \\ \dfrac{x^2}{2}, & 0\leqslant x<1 \\ 2x-\dfrac{x^2}{2}-1, & 1\leqslant x<2 \\ 1, & x\geqslant 2\end{cases}$，求 $E(X)$ 和 $D(X)$。

6. 设随机变量 X 的概率密度函数为 $f(x)=\begin{cases}\dfrac{1}{2}\cos\dfrac{x}{2}, & 0<x<\pi \\ 0, & \text{其他}\end{cases}$，对 X 独立观察 3 次，用 Y 表示观察值小于 $\dfrac{\pi}{3}$ 的次数，求 $E(Y),D(Y),E(5Y^2-9)$。

7*. 设 X 与 Y 相互独立，且 $X\sim N(700,25^2)$，$Y\sim N(640,30^2)$，求 $Z_1=2X-Y$，$Z_2=X+Y$ 的分布，$P\{X>Y\}$。

第四章第三次作业　班级_____姓名_____学号_____

1. 已知 $D(X) = 49, D(Y) = 64, \rho_{XY} = 0.6$，则 $D(X+Y) = $_____，$D(X-Y) = $_____

2. 设 $(X, Y) \sim N(\mu_1, \mu_2, \sigma_1^2, \sigma_2^2, \rho)$，则 $\rho_{XY} = $_____。

3. 设 X 与 Y 相互独立，且均服从 $N(\mu, \sigma^2)$，则 $Z_1 = aX + bY$ 与 $Z_2 = aX - bY$ 的协方差等于（　　）。

　　A. $(a^2 - b^2)\sigma^2$　　　　　　　　B. $a^2 - b^2$

　　C. $(a^2 + b^2)\sigma^2$　　　　　　　　D. $a^2 + b^2$

4. 设随机变量 X 与 Y 的方差 $D(X), D(Y)$ 均为非零常数，且 $E(XY) = E(X)E(Y)$，则（　　）。

　　A. X 与 Y 一定相互独立　　　　　B. X 与 Y 一定不相关

　　C. $D(XY) = D(X)D(Y)$　　　　　　D. $D(X-Y) = D(X) - D(Y)$

5. 设 X 与 Y 的联合分布律为

Y \ X	-2	-1	1	2
1	0	1/4	1/4	0
4	1/4	0	0	1/4

试证：X 与 Y 不相互独立，但不相关。

6. 设随机变量 (X,Y) 的概率密度函数为 $f(x,y)=\begin{cases}12y^2, & 0\leqslant y\leqslant x\leqslant 1 \\ 0, & 其他\end{cases}$，求 $E(X)$，$E(Y)$，$Cov(X,Y)$。

7*. 已知正常男性成人血液中，每一毫升白细胞数平均是 7300，均方差为 700，利用切比雪夫不等式估计每毫升含白细胞数在 5200~9400 之间的概率。

第四章复习题　　　　班级＿＿＿＿＿＿姓名＿＿＿＿＿＿学号＿＿＿＿＿＿

1. 假设二维随机变量 (X,Y) 的概率密度函数 $f(x,y)=\dfrac{1}{2}[\phi_1(x,y)+\phi_2(x,y)]$，其中 $\phi_1(x,y)$ 和 $\phi_2(x,y)$ 都是二维正态分布的概率密度函数，且它们对应的二维随机变量的相关系数分别为 $1/3$ 和 $-1/3$，它们的边缘概率密度函数 $f_X(x)$ 和 $f_Y(y)$ 对应的随机变量的数字期望都是 0，方差都是 1。（1）求随机变量 X 和 Y 的相关系数 ρ；（2）问随机变量 X 和 Y 是否相互独立？为什么？

2. 游客乘电梯从底层到电视塔顶层观光，电梯于每个整点的第 5 分钟、25 分钟和 55 分钟从底层起行，一游客在早上八点的第 X 分钟到达底层候梯处，且 X 在区间 $[0,60]$ 内服从均匀分布，求该游客等候时间 Y 的数学期望。

3. 设随机变量 X 在区间 $(-1,2)$ 内服从均匀分布，$Y=\begin{cases}-2, & X>0 \\ 0, & X=0 \\ 1, & X<0\end{cases}$，求 $D(Y)$。

4. 设两个随机变量 X 与 Y 相互独立，且都服从均值为 0，方差为 $\dfrac{1}{2}$ 的正态分布，求 $|X-Y|$ 的方差。

5. 设 X,Y,Z 满足 $D(X)=D(Y)=D(Z)=1$ ，$\rho_{XY}=0$ ，$\rho_{XZ}=\dfrac{1}{2}$ ，$\rho_{YZ}=-\dfrac{1}{2}$ ，求 $D(X+Y+Z)$ 。

6. 设 X 与 Y 的分布律分别为

X	0	1
p	$\dfrac{1}{3}$	$\dfrac{2}{3}$

X	-1	0	1
p	$\dfrac{1}{3}$	$\dfrac{1}{3}$	$\dfrac{1}{3}$

且 $P\{X^2=Y^2\}=1$ 。（1）求 X 与 Y 的联合分布律；（2）求 ρ_{XY} 。

第五章 大数定理与中心极限定理

切比雪夫不等式

定理 2 设随机变量 X 有期望 $E(X) = \mu$ 和方差 $D(X) = \sigma^2$，则对于任给 $\varepsilon > 0$，有

$$P\{|X - \mu| \geqslant \varepsilon\} \leqslant \frac{\sigma^2}{\varepsilon^2}.$$

上述不等式称切比雪夫不等式。

切比雪夫大数定律

定理 3（切比雪夫大数定律）设 $X_1, X_2, \cdots, X_n, \cdots$ 是两两不相关的随机变量序列，它们数学期望和方差均存在，且方差有共同的上界，即 $D(X_i) \leqslant K, i = 1, 2, \cdots$，则对任意 $\varepsilon > 0$，有

$$\lim_{n \to \infty} P\left\{\left|\frac{1}{n}\sum_{i=1}^{n}X_i - \frac{1}{n}\sum_{i=1}^{n}E(X_i)\right| < \varepsilon\right\} = 1。$$

伯努利大数定理

定理 4（伯努利大数定律）设 n_A 是 n 重伯努利试验中事件 A 发生的次数，P 是事件 A 在每次试验中发生的概率，则对任意的 $\varepsilon > 0$，有：

$$\lim_{n \to \infty} P\left\{\left|\frac{n_A}{n} - p\right| < \varepsilon\right\} = 1 \text{ 或 } \lim_{n \to \infty} P\left\{\left|\frac{n_A}{n} - p\right| \geqslant \varepsilon\right\} = 0。$$

辛钦大数定理

定理 5（辛钦大数定律）设随机变量 $X_1, X_2, \cdots, X_n, \cdots$ 相互独立，服从同一分布，且具有数学期望 $E(X_i) = \mu, i = 1, 2, \cdots$，则对任意 $\varepsilon > 0$，有 $\lim_{n \to \infty} P\left\{\left|\frac{1}{n}\sum_{i=1}^{n}X_i - \mu\right| < \varepsilon\right\} = 1$。

林德伯格–勒维定理

定理 6 设 $X_1, X_2, \cdots, X_n, \cdots$ 是独立同分布的随机变量序列，且

$$E(X_i) = \mu, D(X_i) = \sigma^2, i = 1, 2, \cdots, n, \cdots$$

则 $\lim_{n \to \infty} P\left\{\frac{\sum\limits_{i=1}^{n}X_i - n\mu}{\sigma\sqrt{n}} \leqslant x\right\} = \int_{-\infty}^{x}\frac{1}{\sqrt{2\pi}}\mathrm{e}^{-t^2/2}\mathrm{d}t。$$

第五章第一次作业 班级_____姓名_____学号_____

1. 设 $X_1, X_2, \cdots, X_n$ 是 n 个相互独立同分布的随机变量，$E(X_i) = \mu$，$D(X_i) = 8$，$(i = 1, 2, \cdots, n)$，$\bar{X} = \dfrac{1}{n}\sum_{i=1}^{n} X_i$，则 $P\{|\bar{X} - \mu| < 4\} \geqslant$ _____。

2. 设随机变量 X 和 Y 的数学期望为 3，方差分别为 0.25 和 1，相关系数为 0.25，则根据切比雪夫不等式，$P\{|X - Y| \geqslant 3\} \leqslant$ _____。

3. 设 ξ 为服从参数为 n，p 的二项分布的随机变量，则当 $n \to \infty$ 时，$\dfrac{\xi - np}{\sqrt{npq}}$ 一定服从（ ）。

    A. 正态分布   B. 标准正态分布

    C. 泊松分布   D. 二项分布

4. 设 $X_1, X_2, \cdots, X_n, \cdots$ 独立同分布，且 X_i 服从参数为 $\dfrac{1}{\lambda}$ 的指数分布，其概率密度函数为 $f(x) = \begin{cases} \lambda e^{-\lambda x}, & x > 0 \\ 0, & x \leqslant 0 \end{cases}$，则正确的为（ ）。

    A. $\lim\limits_{n \to \infty} P\{\dfrac{\sum_{i=1}^{n} X_i - \lambda}{\sqrt{n\lambda}} \leqslant x\} = \Phi(x)$ B. $\lim\limits_{n \to \infty} P\{\dfrac{\sum_{i=1}^{n} X_i - n}{\sqrt{n}} \leqslant x\} = \Phi(x)$

    C. $\lim\limits_{n \to \infty} P\{\dfrac{\lambda\sum_{i=1}^{n} X_i - n}{\sqrt{n}} \leqslant x\} = \Phi(x)$ D. $\lim\limits_{n \to \infty} P\{\dfrac{\sum_{i=1}^{n} X_i - \lambda}{n\lambda} \leqslant x\} = \Phi(x)$

5. 设 $X_i(i=1,2,\cdots,50)$ 是相互独立的随机变量，且它们都服从参数为 $\lambda = 0.03$ 的泊松分布，记 $X = X_1 + X_2 + \cdots + X_{50}$，试用中心极限定理计算 $P\{X \geq 3\}$。

6. 若某产品的不合格率为 2%，任取 10000 件，试问不合格品不多于 210 件的概率是多少？

7*. 设某车间有 400 台同类型的机器，每台机器需要的电功率为 10 kw，由于工艺关系，每台机器并不连续开动，开动的时间只占工作总时间的 4/5，问应供应多少千瓦的电力才能以 99% 的概率保证有足够的电功率？这里假设各台机器的开和停是相互独立的。

第五章复习题 班级_____姓名_____学号_____

1. 设随机变量 $X_1, X_2, \cdots, X_{2000}$ 相互独立且 $X_i \sim B(1, p)$, $i = 1, 2, \cdots, 2000$,则下列不正确的是（　　）。

　A. $\dfrac{1}{2000} \sum\limits_{i=1}^{2000} X_i \approx p$

　B. $P\{a \leqslant \sum\limits_{i=1}^{2000} X_i \leqslant b\} \approx \Phi(\dfrac{b - 2000p}{\sqrt{2000p(1-p)}}) - \Phi(\dfrac{a - 2000p}{\sqrt{2000p(1-p)}})$

　C. $\sum\limits_{i=1}^{2000} X_i \sim B(2000, p)$

　D. $P\{a \leqslant \sum\limits_{i=1}^{2000} X_i \leqslant b\} \approx \Phi(b) - \Phi(a)$

2. 设 $X_1, X_2, \cdots, X_n, \cdots$ 是相互独立的，且服从同一分布的随机变量序列，$E(X_1) = \mu$，$D(X_1) = \sigma^2$，又记 $\overline{X}_n = \dfrac{1}{n}(X_1 + X_2 + \cdots + X_n)$，那么当 n 充分大时，近似有 $\overline{X}_n \sim$ _____，或 $\sqrt{n} \dfrac{\overline{X}_n - \mu}{\sigma} \sim$ _____。特别是，当 $X_1, X_2, \cdots, X_n, \cdots$ 同为服从正态分布时，对于任意的 n，都精确有 $\overline{X}_n \sim$ _____，或 $\sqrt{n} \dfrac{\overline{X}_n - \mu}{\sigma} \sim$ _____。

3. 设 $X_1, X_2, \cdots, X_n, \cdots$ 是独立同一分布的随机变量序列，且 $E(X_i) = \mu$，$D(X_i) = \sigma^2$（ $i = 1, 2, \cdots$ ），那么 $\dfrac{1}{n} \sum\limits_{i=1}^{n} X_i^2$ 依概率收敛于_____。

4. 设 $\eta_n \sim b(n, p)(0 < p < 1)$，则当 n 充分大时，试写出 $P\{a < \eta_n < b\}$ 和 $P\{|\dfrac{\eta_n}{n} - p| < \varepsilon\}$ 的计算公式_____。

5. 一住宅小区有 20000 户住户，一户住户拥有汽车辆数 X 的分布律为

X	0	1	2
p_k	0.05	0.5	0.45

问需要多少车位，才能使每辆汽车都具有一个车位的概率至少为 0.95。

6. 一蛋糕店有三种蛋糕出售，由于售出哪一只蛋糕是随机的，因而售出一只蛋糕的价格是一个随机变量，它取 5 元、8 元、10 元的概率分别为 0.5、0.3、0.2。若售出 200 个蛋糕。（1）求收入至少 1400 元的概率；（2）求售出价格为 8 元的蛋糕多于 50 个的概率。

概率论模拟试卷之一

一、填空题（每空 2 分，共 20 分）

1. 设 A,B,C 为三个随机事件，$P(A)=P(B)=P(C)=\dfrac{1}{4}$，$P(AB)=P(AC)=P(BC)=\dfrac{1}{6}$，$P(ABC)=0$，则 $P(A\cup B\cup C)=$_____。

2. 设随机变量 X 服从 $N(1,4)$，则 X 的概率密度函数为_____。

3. 设随机变量 X 服从参数为 $\lambda(\lambda>0)$ 的泊松分布，并且 $P\{X=1\}=P\{X=2\}$，则 $P\{X=3\}=$_____。

4. 已知 $E(X)=D(X)=1$，则 $E(-3X+1)=$_____；$D(-5X+1)=$_____。

5. 设 $\xi\sim N(\mu,\sigma^2)$，则 $\dfrac{\xi-\mu}{\sigma}$ 服从的分布为_____。

6. 若随机变量 X 服从参数是 2，σ^2 的正态分布，且 $P\{2<X<4\}=0.3$，则 $P\{X\leqslant 0\}=$_____，$P\{X\leqslant 2\}=$_____。

7. 用 (X,Y) 的分布函数 $F(x,y)$ 表示，则 $P\{a<X\leqslant b,Y\leqslant c\}=$_____。

8. 在区间 $[-1,1]$ 内任意投点，以 ξ 表示投点的坐标，则 ξ 的分布函数为_____。

二、设甲袋装有 n 个白球，m 个红球；乙袋装有 N 个白球，M 个红球，今从甲袋中任取一球放入乙袋，再从乙袋中任取一球，问取到白球的概率是多少？（10 分）

三、从 0, 1, 2, …, 9 这 10 个数字中任意选出 3 个不同的数字，事件 A 为{3 个数字中不含 0 或不含 5}，求 $P(A)$。（10 分）

四、设某种型号的器件的寿命 X（以小时计）具有概率密度函数 $f(x) = \begin{cases} \dfrac{1000}{x^2}, & x > 1000 \\ 0, & \text{其他} \end{cases}$，现有一批此种器件，各个器件损坏与否相互独立，任取 5 个，问其中至少有 2 个寿命大于 1500 小时的概率是多少？（12 分）

五、设 X 与 Y 相互独立，其中 Y 的概率密度函数为 $f_Y(y) = \begin{cases} 5e^{-5y}, & y > 0 \\ 0, & y \leqslant 0 \end{cases}$，$X$ 在区间 $(0, 0.2)$ 内服从均匀分布，求 $E(XY)$。（10 分）

六、设随机变量 X 的概率密度函数为 $f(x) = \begin{cases} e^{-x}, & x \geqslant 0 \\ 0, & x < 0 \end{cases}$，求 $E(X)$、$D(X)$ 和 $Y = X^2$ 的概率密度函数。（14 分）

七、设随机变量 (X, Y) 的联合分布密度函数为：$f(x, y) = \begin{cases} cxy, & 0 \leqslant y \leqslant x \leqslant 1 \\ 0, & \text{其他} \end{cases}$。（1）求常数 c；（2）求 X，Y 的边缘分布密度 $f_X(x)$；（3）求条件分布密度 $f_{Y|X}(y|x)$。（14 分）

八、已知某批半导体器件的优质品率为 50%，今取用 200 件，试问由 90 到 120 件优质品的概率是多少（用标准正态分布函数表示）？（10 分）

概率论模拟试卷之二

一、填空题（每空 2 分，共 16 分）

1. 某地区成年人患结核病的概率为 0.15，患高血压病的概率为 0.2，设这两种病的发生是相互独立的，则该地区内任一成年人同时患有这两种病的概率为_____。

2. 设 $P(A) = 0.4$，$P(A \cup B) = 0.7$，若 $P(A|B) = 0.45$，则 $P(B) =$ _____。

3. 设事件 A 与 B 相互独立，$P(A) = P(B) = a$，$P(A \cup B) = \dfrac{8}{9}$，则 $a =$ _____。

4. 设随机变量 X 的概率密度函数为 $f(x) = \begin{cases} 2x, & 0 < x < 1; \\ 0, & 其他, \end{cases}$ 则 $E(X) =$ _____。

5. 已知 $E(X) = E(Y) = 2$，$E(XY) = 3$，则协方差 $Cov(2X, 3Y) =$ _____。

6. 已知随机变量 X 的分布律为 $P\{X = k\} = a(1/3)^k, k = 1, 2, \cdots$，则常数 $a =$ _____。

7. 设 X 的概率密度函数为 $f(x) = \begin{cases} ax + b, & 1 < x \leqslant 2 \\ 0, & 其他 \end{cases}$，且 $E(X) = 19/12$，则 a 和 b 的值为 a=_____，b=_____。

二、有两箱同类型的零件，第一箱装 30 个，其中有 10 个是一等品，其他为次品；第二箱装 40 个，其中有 15 个是一等品，其他为次品；现从两箱中任取一箱，然后再从该箱中任取一只零件。（1）求此零件是一等品的概率；（2）若已知取出是一等品，问该零件取于第二箱的概率。（12 分）

三、4 封信随机地投入 10 个邮筒，求前 5 个邮筒没有信的概率以及每个邮筒最多只有一封信的概率。（12 分）

四、已知某批半导体元件的优质品率为 40%，今取用 200 件，试问有 70 到 100 件优质品的概率是多少？（用 Φ 表示）（12 分）

五、设随机变量 X 的概率密度函数为 $f(x)=\begin{cases} e^{-x}, & x\geqslant 0 \\ 0, & x<0 \end{cases}$，（1）求 X 的分布函数；（2）求 $Y=X^2$ 的概率密度函数。（12分）

六、设连续型随机变量 X 的分布函数为 $F(x)=\begin{cases} 0, & x<1 \\ \ln x, & 1\leqslant x<e \\ 1, & x\geqslant e \end{cases}$，求 $E(X)$ 和 $D(X)$（12分）

七、设 (X,Y) 的概率密度函数为 $f(x,y) = \begin{cases} (2-x)y, & 0 < x < 2, 0 < y < 1 \\ 0, & \text{其他} \end{cases}$，求（1）$X$ 的边缘概率密度函数；（2）条件概率 $P\{X > 1 \mid Y \leqslant 1/3\}$。（12 分）

八、设 X, Y 独立同分布，$f_X(x) = f_Y(x) = \begin{cases} 3e^{-3x}, & x > 0 \\ 0, & x \leqslant 0 \end{cases}$，求 $Z = X + Y$ 的概率密度函数（12 分）

第六章　样本及抽样分布

简单随机抽样

为了使抽取的样本能很好地反映总体的信息，必须考虑抽样方法，最常用的一种抽样方法称为简单随机抽样，它要求抽取的样本满足下面两个条件。

1. 代表性：$X_1, X_2, \cdots, X_n$ 与所考察的总体具有相同的分布；
2. 独立性：$X_1, X_2, \cdots, X_n$ 是相互独立的随机变量。

统计量

为由样本推断总体，要构造一些合适的统计量，再由这些统计量来推断未知总体。这里，样本的统计量即为样本的函数。广义地讲，统计量可以是样本的任一函数，但由于构造统计量的目的是为推断未知总体的分布，故在构造统计量时，就不应包含总体的未知参数。为此引入下列定义。

定义 设 $(X_1, X_2, \cdots, X_n)$ 为总体 X 的一个样本，称此样本的任一不含总体分布未知参数的函数为该样本的统计量。

样本的数字特征

以下设 $X_1, X_2, \cdots, X_n$ 为总体 X 的一个样本。

1. 样本均值 $\overline{X} = \dfrac{1}{n}\sum\limits_{i=1}^{n} X_i$

2. 样本方差 $S^2 = \dfrac{1}{n-1}\sum\limits_{i=1}^{n}(X_i - \overline{X})^2$

3. 样本标准差 $S = \sqrt{\dfrac{1}{n-1}\sum\limits_{i=1}^{n}(X_i - \overline{X})^2}$

4. 样本(k 阶)原点矩 $A_k = \dfrac{1}{n}\sum\limits_{i=1}^{n} X_i^k, \quad k = 1, 2, \cdots$

5. 样本(k 阶)中心矩 $B_k = \dfrac{1}{n}\sum\limits_{i=1}^{n}(X_i - \overline{X})^k, \quad k = 2, 3, \cdots$

分位数

设随机变量 X 的分布函数为 $F(x)$，对给定的实数 $\alpha(0 < \alpha < 1)$，若实数 F_α 满足不等式：

$$P\{X > F_\alpha\} = \alpha ,$$

则称 F_α 为随机变量 X 的分布的水平 α 的上侧分位数。

若实数 T_α 满足不等式 $P\{|X| > T_\alpha\} = \alpha$,

则称 T_α 为随机变量 X 的分布的水平 α 的双侧分位数。

χ^2 分布

设 $X_1, X_2, \cdots, X_n$ 是取自总体 $N(0,1)$ 的样本，则称统计量

$$\chi^2 = X_1^2 + X_2^2 + \cdots + X_n^2 \tag{1}$$

服从自由度为 n 的 χ^2 分布，记为 $\chi^2 \sim \chi^2(n)$ 。

t 分布

设 $X \sim N(0,1), Y \sim \chi^2(n)$ ，且 X 与 Y 相互独立，则称 $t = \dfrac{X}{\sqrt{Y/n}}$

服从自由度为 n 的 t 分布，记为 $t \sim t(n)$ 。

F 分布

设 $X \sim \chi^2(m), Y \sim \chi^2(n)$ ，且 X 与 Y 相互独立，则称 $F = \dfrac{X/m}{Y/n} = \dfrac{nX}{mY}$

服从自由度为 (m,n) 的 F 分布，记为 $F \sim F(m,n)$ 。

单正态总体的抽样分布

设总体 X 的均值 μ ，方差为 σ^2 ， $X_1, X_2, \cdots, X_n$ 是取自 X 的一个样本， $\bar{X}$ 与 S^2 分别为该样本的样本均值与样本方差，则有 $E(\bar{X}) = \mu, \quad D(\bar{X}) = \sigma^2$

定理 1 设总体 $X \sim N(\mu, \sigma^2), X_1, X_2, \cdots, X_n$ 是取自 X 的一个样本， $\bar{X}$ 与 S^2 分别为该样本的样本均值与样本方差，则有：

（1） $\bar{X} \sim N(\mu, \sigma^2/n)$ ；

（2） $U = \dfrac{\bar{X} - \mu}{\sigma/\sqrt{n}} \sim N(0,1)$ 。

定理 2 设总体 $X \sim N(\mu, \sigma^2), X_1, X_2, \cdots, X_n$ 是取自 X 的一个样本， $\bar{X}$ 与 S^2 分别为该样本的样本均值与样本方差，则有

（1） $\chi^2 = \dfrac{n-1}{\sigma^2} S^2 = \dfrac{1}{\sigma^2} \sum_{i=1}^{n} (X_i - \bar{X})^2 \ \sim \chi^2(n-1);$

（2） $\bar{X}$ 与 S^2 相互独立。

定理 3 设总体 $X \sim N(\mu, \sigma^2), X_1, X_2, \cdots, X_n$ 是取自 X 的一个样本， $\bar{X}$ 与 S^2 分别为该样本的样本均值与样本方差，则有：

（1） $\chi^2 = \dfrac{1}{\sigma^2}\sum_{i=1}^{n}(X_i - \mu)^2 \sim \chi^2(n)$；

（2） $T = \dfrac{\overline{X} - \mu}{S / \sqrt{n}} \sim t(n-1)$。

双正态总体的抽样分布

定理 4 设 $X \sim N(\mu_1, \sigma_1^2)$ 与 $Y \sim N(\mu_2, \sigma_2^2)$ 是两个相互独立的正态总体，又设 $X_1, X_2, \cdots, X_{n_1}$ 是取自总体 X 的样本，$\overline{X}$ 与 S_1^2 分别为该样本的样本均值与样本方差。 $Y_1, Y_2, \cdots, Y_{n_2}$ 是取自总体 Y 的样本，$\overline{Y}$ 与 S_2^2 分别为此样本的样本均值与样本方差。再记 S_w^2 是 S_1^2 与 S_2^2 的加权平均，即 $S_w^2 = \dfrac{(n_1-1)S_1^2 + (n_2-1)S_2^2}{n_1 + n_2 - 2}$

则（1） $U = \dfrac{(\overline{X} - \overline{Y}) - (\mu_1 - \mu_2)}{\sqrt{\sigma_1^2 / n_1 + \sigma_2^2 / n_2}} \sim N(0,1)$；

（2） $F = \left(\dfrac{\sigma_2}{\sigma_1}\right)^2 \dfrac{S_1^2}{S_2^2} \sim F(n_1 - 1, n_2 - 1)$；

（3）当 $\sigma_1^2 = \sigma_2^2 = \sigma^2$ 时， $T = \dfrac{(\overline{X} - \overline{Y}) - (\mu_1 - \mu_2)}{S_w\sqrt{1/n_1 + 1/n_2}} \sim t(n_1 + n_2 - 2)$。

第六章第一次作业 班级＿＿＿＿＿＿姓名＿＿＿＿＿＿学号＿＿＿＿＿＿

1. 设总体为 $X \sim N(\mu, \sigma^2)$，X_1, X_2 为 X 的一个样本，则 $aX_1 + bX_2$ 服从分布＿＿＿＿＿＿。

2. 设 $X \sim N(\mu, \sigma^2)$，$X_1, X_2, \cdots, X_n$ 为 X 的一个样本，则 $\sum_{i=1}^{n} \frac{(X_i - \mu)^2}{\sigma^2}$ 服从分布＿＿＿＿＿＿。

3. 设 $\chi_1^2 \sim \chi^2(4), \chi_2^2 \sim \chi^2(5)$ 且 χ_1^2, χ_2^2 相互独立。则 $D(\chi_1^2 + \chi_2^2) = ($ ＿＿ $)$。

A. 9　　　　　　　　　　　　B. 18

C. 36　　　　　　　　　　　　D. 5

4. 设总体 $X \sim N(\mu, \sigma^2)$ ，其中 μ 已知，σ 未知，$X_1, X_2, \cdots, X_n$ 为 X 的一个样本，则下列哪一个不是统计量（ ＿＿ ）。

A. $\dfrac{X_1^2 + X_2^2 + \cdots X_n^2}{\sigma^2}$　　　　　　B. $\dfrac{X_1^2 + X_2^2 + \cdots X_n^2}{\mu}$

C. $\displaystyle\sum_{i=1}^{n} X_i^2$　　　　　　　　　　D. $\min\{X_1, X_2, \cdots, X_n\}$

5. 设总体 $X \sim B(1,p)$，$X_1, X_2, \cdots, X_n$ 为从中取出的样本，求（1）$(X_1, X_2, \cdots, X_n)$ 的分布律；（2）$\sum\limits_{i=1}^{n} X_i$ 的分布律；（3）$E(\bar{X}), D(\bar{X}), E(S^2)$。

6. 从正态总体 $X \sim N(3.4, 36)$ 中抽取容量为 n 的样本，若要求其样本均值位于区间 $(1.4, 5.4)$ 内的概率不小于 0.95，问样本容量 n 至少应取多大？

7*. 设总体 $X \sim N(2, 0.5^2), X_1, X_2, \cdots, X_9$ 为来自总体 X 的一个样本，求：（1）$P\{1.5 < X < 3.5\}$；（2）$P\{1.5 < \bar{X} < 3.5\}$。

第六章第二次作业　班级_____姓名_____学号_____

1. 设 $X_1, X_2, \cdots, X_7$ 为总体 $N(0, 0.5^2)$ 的一个样本，则 $P\{\sum\limits_{i=1}^{7} X_i^2 > 4\} =$ _____。

2. 设 $X \sim t(n)$，若 $P\{X < a\} = 0.20$，则 $a =$，当 $n = 9$ 时，查表得 $a =$ _____。

3. 设总体 $X \sim N(\mu, \sigma^2)$，$X_1, X_2, \cdots, X_n$ 为其样本，$\bar{X} = \dfrac{1}{n}\sum\limits_{i=1}^{n} X_i$，为样本均值，$S^2 = \dfrac{1}{n-1}\sum\limits_{i=1}^{n}(X_i - \bar{X})^2$，则 $Y = \dfrac{\sqrt{n}(\bar{X} - \mu)}{S}$ 服从的分布是（　　）。

    A. $\chi^2(n-1)$ B. $N(0,1)$

    C. $t(n-1)$ D. $t(n)$

4. 下面不正确的是（　　）。

    A. $z_{1-\alpha} = -z_\alpha$ B. $\chi^2_{1-\alpha}(n) = -\chi^2_\alpha(n)$

    C. $t_{1-\alpha}(n) = -t_\alpha(n)$ D. $F_{1-\alpha}(n, m) = \dfrac{1}{F_\alpha(m, n)}$

5. 设 X_1, X_2, X_3, X_4 是来自正态总体 $N(0, 2^2)$ 的简单随机样本，$X = a(X_1 + 2X_2)^2 + b(3X_3 - 4X_4)^2$，求常数 a, b，使得 $X \sim \chi^2(2)$。

6. （1）查表写出 $F_{0.1}(10, 9)$、$F_{0.01}(10, 9)$ 的值。

（2）设 $X \sim N(\mu_1, \sigma^2), Y \sim N(\mu_2, \sigma^2)$，$X_1, X_2, \cdots, X_{11}$ 和 $Y_1, Y_2, \cdots, Y_{10}$ 分别是取自总体 X 和 Y 的样本，并且这两个样本相互独立。又 $\overline{X} = \dfrac{1}{11} \sum\limits_{i=1}^{11} X_i$ 和 $\overline{Y} = \dfrac{1}{10} \sum\limits_{i=1}^{10} Y_i$ 是样本均值，$S_1^2 = \dfrac{1}{10} \sum\limits_{i=1}^{11} (X_i - \overline{X})^2$ 和 $S_2^2 = \dfrac{1}{9} \sum\limits_{i=1}^{10} (Y_i - \overline{Y})^2$ 是样本方差。求随机变量 S_1^2 / S_2^2 的取值落在区间 $(2.42, 5.26)$ 内的概率。

7*. 已知 $X \sim t(n)$，求证 $X^2 \sim F(1, n)$。

第六章复习题　　　班级＿＿＿＿＿姓名＿＿＿＿＿学号＿＿＿＿＿

1. 设随机变量 X 和 Y 服从标准正态分布，则（　　　）。

　　A. $X+Y$ 服从正态分布　　　　　　B. X^2+Y^2 服从 $\chi^2(2)$ 分布

　　C. X^2 和 Y^2 都服从 χ^2 分布　　　D. X^2/Y^2 服从 F 分布

2. 设总体 $X \sim N(5,4)$，从中抽取容量为 20 和 30 的两组独立样本，求两组样本均值之差的绝对值小于 0.3 的概率。

3. 设总体 $X \sim N(\mu,\sigma^2)$，要以 99.7%概率保证偏差 $|\overline{X}-\mu|<0.1$，问当 $\sigma^2=0.5$ 时，样本容量 n 应取多大？

4. 设 X, Y 为相互独立，且都服从 $N(0,9)$ 的正态总体， $X_1, X_2, \cdots, X_9$ 和 $Y_1, Y_2, \cdots, Y_9$ 分别为总体 X, Y 的一个样本，求统计量 $U = \dfrac{X_1 + X_2 + \cdots + X_9}{\sqrt{Y_1^2 + Y_2^2 + \cdots + Y_9^2}}$ 的分布。

5. 设总体 $X \sim N(\mu, \sigma^2), (\sigma > 0)$ ， $X_1, X_2, \cdots, X_{2n} \ (n \geq 2)$ 是来自该总体 X 的简单随机样本，样本均值是 $\overline{X} = \dfrac{1}{2n} \sum\limits_{i=1}^{2n} X_i$ ，求统计量 $Y = \sum\limits_{i=1}^{n} (X_i + X_{n+i} - 2\overline{X})^2$ 的数学期望。

6. 设总体 $X \sim N(0,5)$ ， $X_1, X_2, \cdots, X_{15}$ 是来自正态总体 $N(0,5)$ 的简单随机样本，求随机变量 $Y = \dfrac{X_1^2 + X_2^2 + \cdots + X_{10}^2}{2(X_{11}^2 + X_{12}^2 + \cdots + X_{15}^2)}$ 的分布。

第七章　参数估计

矩估计法

矩估计法的基本思想是用样本矩估计总体矩。因为由在数定理知，当总体的 k 阶矩存在时，样本的 k 阶矩依概率收敛于总体的 k 阶矩。例如，可用样本均值 $\overline{X}$ 作为总体均值 $E(X)$ 的估计量，一般地，记总体 k 阶矩 $\mu_k = E(X^k)$；样本 k 阶矩 $A_k = \dfrac{1}{n}\sum_{i=1}^{n}X_i^k$ 。

用相应的样本矩去估计总体矩的方法就称为矩估计法，用矩估计法确定的估计量称为矩估计量，相应的估计值称为据估计值，矩估计量与矩估计值统称为矩估计。

求矩估计的方法

设总体 X 的分布函数 $F(x;\theta_1,\cdots,\theta_k)$ 中含有 k 个未知参数 $\theta_1,\cdots,\theta_k$ ，则

（1）求总体 X 的前 k 阶矩 $\mu_1,\cdots,\mu_k$ ，一般都是这 k 个未知参数的函数，记为
$$\mu_i = g_i(\theta_1,\cdots,\theta_k),\quad i=1,2,\cdots,k\quad (*)$$

（2）从（*）中解得 $\theta_j = h_j(\mu_1,\cdots,\mu_k),\quad j=1,2,\cdots,k$

（3）再用 $\mu_i(i=1,2,\cdots,k)$ 的估计量 A_i 分别代替上式中的 μ_i ，即可得 $\theta_j(j=1,2,\cdots,k)$ 的矩估计量： $\hat{\theta}_j = h_j(A_1,\cdots,A_k),\quad j=1,2,\cdots,k.$

最大似然估计法

若对任意给定的样本值 $x_1,x_2,\cdots,x_n$ ，存在：
$$\hat{\theta} = \hat{\theta}(x_1,x_2,\cdots,x_n),\quad \text{使} L(\hat{\theta}) = \max_{\theta} L(\theta),$$

则称 $\hat{\theta} = \hat{\theta}(x_1,x_2,\cdots,x_n)$ 为 θ 的最大似然估计值，称相应的统计量 $\hat{\theta}(X_1,X_2,\cdots,X_n)$ 为 θ 最大似然估计量，它们统称为 θ 的最大似然估计(MLE)。

求最大似然估计的一般方法

求未知参数 θ 的最大似然估计问题，归结为求似然函数 $L(\theta)$ 的最大值点的问题。当似然函数关于未知参数可微时，可利用微分学中求最大值的方法求之。其主要步骤：

（1）写出似然函数 $L(\theta) = L(x_1,x_2,\cdots,x_n,\theta)$ ；

（2）令 $\dfrac{\mathrm{d}L(\theta)}{\mathrm{d}\theta} = 0$ 或 $\dfrac{\mathrm{d}\ln L(\theta)}{\mathrm{d}\theta} = 0$ ，求出驻点。

无偏性

设 $\hat{\theta}(X_1, \cdots, X_n)$ 是未知参数 θ 的估计量，若 $E(\hat{\theta}) = \theta$ ，则称 $\hat{\theta}$ 为 θ 的无偏估计量。

定理 设 $X_1, \cdots, X_n$ 为取自总体 X 的样本，总体 X 的均值为 μ ，方差为 σ^2 。则

（1）样本均值 $\overline{X}$ 是 μ 的无偏估计量；

（2）样本方差 S^2 是 σ^2 的无偏估计量；

（3）样本二阶中心矩 $\dfrac{1}{n}\sum\limits_{i=1}^{n}(X_i - \overline{X})^2$ 是 σ^2 的有偏估计量。

有效性

设 $\hat{\theta}_1 = \hat{\theta}_1(X_1, \cdots, X_n)$ 和 $\hat{\theta}_2 = \hat{\theta}_2(X_1, \cdots, X_n)$ 都是参数 θ 的无偏估计量，若 $D(\hat{\theta}_1) < D(\hat{\theta}_2)$ ，则称 $\hat{\theta}_1$ 较 $\hat{\theta}_2$ 有效。

相合性(一致性)

设 $\hat{\theta} = \hat{\theta}(X_1, \cdots, X_n)$ 为未知参数 θ 的估计量，若 $\hat{\theta}$ 依概率收敛于 θ ，即对任意 $\varepsilon > 0$ ，有 $\lim\limits_{n \to \infty} P\{|\hat{\theta} - \theta| < \varepsilon\} = 1$ ，或 $\lim\limits_{n \to \infty} P\{|\hat{\theta} - \theta| \geqslant \varepsilon\} = 0$ ，则称 $\hat{\theta}$ 为 θ 的(弱)相合估计量。

置信区间

设 θ 为总体分布的未知参数，$X_1, X_2, \cdots, X_n$ 是取自总体 X 的一个样本，对给定的数 $1 - \alpha(0 < \alpha < 1)$ ，若存在统计量：
$$\underline{\theta} = \underline{\theta}(X_1, X_2, \cdots, X_n), \overline{\theta} = \overline{\theta}(X_1, X_2, \cdots, X_n),$$
使得：$P\{\underline{\theta} < \theta < \overline{\theta}\} = 1 - \alpha,$
则称随机区间 $(\underline{\theta}, \overline{\theta})$ 为 θ 的 $1 - \alpha$ 双侧置信区间，称 $1 - \alpha$ 为置信度，又分别称 $\underline{\theta}$ 与 $\overline{\theta}$ 为 θ 的双侧置信下限与双侧置信上限。

寻求置信区间的方法

寻求置信区间的基本思想，是在点估计的基础上，构造合适的函数，并针对给定的置信度导出置信区间，一般步骤为：

（1）选取未知参数 θ 的某个较优估计量 $\hat{\theta}$ ；

（2）围绕 $\hat{\theta}$ 构造一个依赖于样本与参数 θ 的函数 $u = u(X_1, X_2, \cdots, X_n, \theta)$;

（3）对给定的置信水平 $1 - \alpha$ ，确定 λ_1 与 λ_2 ，使 $P\{\lambda_1 \leqslant u \leqslant \lambda_2\} = 1 - \alpha$ 。

单侧置信区间

设 θ 为总体分布的未知参数，$X_1, X_2, \cdots, X_n$ 是取自总体 X 的一个样本，对给定的数 $1 - \alpha(0 < \alpha < 1)$ ，若存在统计量 $\underline{\theta} = \underline{\theta}(X_1, X_2, \cdots, X_n),$
满足：$P\{\underline{\theta} < \theta\} = 1 - \alpha,$

则称 $(\underline{\theta},+\infty)$ 为 θ 的置信度为 $1-\alpha$ 的单侧置信区间，称 $\underline{\theta}$ 为 θ 的单侧置信下限；若存在统计量 $\overline{\theta}=\overline{\theta}(X_1,X_2,\cdots,X_n),$

满足 $P\{\theta<\overline{\theta}\}=1-\alpha,$

则称 $(-\infty,\overline{\theta})$ 为 θ 的置信度为 $1-\alpha$ 的单侧置信区间，称 $\overline{\theta}$ 为 θ 的单侧置信上限。

单正态总体均值的置信区间

σ^2 已知均值 μ 的 $1-\alpha$ 置信区间为

$$\left(\overline{X}-u_{\alpha/2}\cdot\frac{\sigma}{\sqrt{n}},\overline{X}+u_{\alpha/2}\cdot\frac{\sigma}{\sqrt{n}}\right)。$$

σ^2 未知，均值 μ 的 $1-\alpha$ 置信区间为

$$\left(\overline{X}-t_{\alpha/2}(n-1)\cdot\frac{S}{\sqrt{n}},\overline{X}+t_{\alpha/2}(n-1)\cdot\frac{S}{\sqrt{n}}\right)。$$

单正态总体方差的置信区间

$$\left(\frac{(n-1)S^2}{\chi^2_{\alpha/2}(n-1)},\frac{(n-1)S^2}{\chi^2_{1-\alpha/2}(n-1)}\right)$$

双正态总体均值差的置信区间

σ_1^2,σ_2^2 已知，可导出 $\mu_1-\mu_2$ 的置信度为 $1-\alpha$ 的置信区间为

$$\left(\overline{X}-\overline{Y}-u_{\alpha/2}\cdot\sqrt{\frac{\sigma_1^2}{n_1}+\frac{\sigma_2^2}{n_2}},\overline{X}-\overline{Y}+u_{\alpha/2}\cdot\sqrt{\frac{\sigma_1^2}{n_1}+\frac{\sigma_2^2}{n_2}}\right)。$$

σ_1^2,σ_2^2 未知 $\mu_1-\mu_2$ 的 $1-\alpha$ 置信区间为

$$\left((\overline{X}-\overline{Y})-t_{\alpha/2}(n_1+n_2-2))\cdot S_w\sqrt{\frac{1}{n_1}+\frac{1}{n_2}},\ \ (\overline{X}-\overline{Y})+t_{\alpha/2}(n_1+n_2-2))\cdot S_w\sqrt{\frac{1}{n_1}+\frac{1}{n_2}}\right)。$$

双正态总体方差比的置信区间

σ_1^2/σ_2^2 的 $1-\alpha$ 置信区间为 $\left(\dfrac{1}{F_{\alpha/2}(n_1-1,n_2-1)}\cdot\dfrac{S_1^2}{S_2^2},\ \ \dfrac{1}{F_{1-\alpha/2}(n_1-1,n_2-1)}\cdot\dfrac{S_1^2}{S_2^2}\right)。$

第七章第一次作业　班级＿＿＿＿＿＿姓名＿＿＿＿＿＿学号＿＿＿＿＿＿

1. 设总体 $X \sim N(\mu, \sigma^2)$（μ, σ^2 未知），$X_1, X_2, \cdots, X_n$ 为从总体取出的一个简单随机样本，则 μ 的矩估计量 $\hat{\mu}$ 为＿＿＿＿＿＿，最大似然估计量为＿＿＿＿＿＿。

2. 在上题假设下，σ^2 的矩估计量为＿＿＿＿＿＿，最大似然估计量为＿＿＿＿＿＿。

3. 设总体 $X \sim b(m, p), p > 0$ 未知，m 为正整数，已知 $X_1, X_2, \cdots, X_n$ 为从总体 X 中取出的一个样本，则 p 的矩估计量为（　　　）。

　　A. $\hat{p} = \dfrac{\overline{X}}{m}$　　　　　　　　　　B. $\hat{p} = \dfrac{\overline{X}}{n}$

　　C. $\hat{p} = \overline{X}$　　　　　　　　　　　D. $\hat{p} = X_1$

4. 设总体 X 的方差 DX 存在，$X_1, X_2, \cdots, X_n$ 为来自总体 X 的一个样本，$\overline{X}, S^2$ 分别为样本均值和样本方差，则 EX^2 的距估计量为（　　　）。

　　A. $S^2 + \overline{X}^2$　　　　　　　　　　B. $(n-1)S^2 + \overline{X}^2$

　　C. $nS^2 + \overline{X}^2$　　　　　　　　　D. $\dfrac{n-1}{n}S^2 + \overline{X}^2$

5. 设总体 X 的概率密度函数为 $f(x) = \begin{cases} \dfrac{2}{\theta^2}(\theta - x), & 0 < x < \theta \\ 0, & \text{其他} \end{cases}$，$X_1, X_2, \cdots, X_n$ 为从总体

X 中取出的一个样本，求 θ 的矩估计量。

6. 设总体 X 的均值为 $EX = \mu$，方差为 $DX = \sigma^2$，若 0，0，1，1，0，1 为来自总体 X 的样本观察值，则总体均值 μ 的距估计值为多少，方差 σ^2 的距估计值为多少？

7*. 设总体 X 的分布律为

X	1	2	3
P_X	θ^2	$2\theta(1-\theta)$	$(1-\theta)^2$

其中 $\theta(0 < \theta < 1)$ 未知。已知取得了样本值 $X_1 = 1, X_2 = 2, X_3 = 1$，试求 θ 的矩估计值和最大似然估计值。

第七章第二次作业　班级_____姓名_____学号_____

1. 设总体 $X \sim P(\lambda)$，其中 λ 为未知参数，$X_1, X_2, \cdots, X_n$ 为来自总体 X 的一个样本，$\overline{X}, S^2$ 分别为样本均值和样本方差，若 $\hat{\lambda} = a\overline{X} + (2-3a)S^2$ 是 λ 无偏估计量，则 $a=$_____。

2. 设总体 $X \sim N(\mu, \sigma^2)$，其中 μ，σ^2 为未知参数，$X_1, X_2, \cdots, X_6$ 为来自总体的一个样本，$Y = (X_1 - X_2)^2 + (X_3 - X_4)^2 + (X_5 - X_6)^2$，$CY$ 若是 σ^2 的无偏估计量,则 $C=$_____。

3. 设总体 $X \sim N(\mu, \sigma^2)$，μ 已知，σ^2 未知，$X_1, X_2, \cdots, X_n$ 为取自总体 X 的一个样本，则下列正确的是（　　）。

   A. $S_1^2 = \dfrac{1}{n-1} \sum_{i=1}^{n} (X_i - \overline{X})^2$ 不是 σ^2 无偏估计　B. $S_2^2 = \dfrac{1}{n} \sum_{i=1}^{n} (X_i - \overline{X})^2$ 是 σ^2 无偏估计

   C. $S_3^2 = \dfrac{1}{n} \sum_{i=1}^{n} (X_i - \mu)^2$ 是 σ^2 无偏估计　　　　　D. $S_4^2 = \dfrac{1}{n} \sum_{i=1}^{n} (X_i - \mu)^2$ 不是 σ^2 无偏估计

4. 设 X_1, X_2 为取自总体 $X \sim b(1, p)$ 的一个样本，则下列正确的是（　　）。

   A. X_1 不是 P 的无偏估计　　　　　　　　B. X_1^2 是 p^2 的无偏估计

   C. $X_1 X_2$ 不是 p^2 的无偏估计　　　　　　D. $X_1 X_2$ 是 p^2 的无偏估计.

5. 设一批零件的长度服从正态分布 $N(\mu, \sigma^2)$ ，其中 μ, σ^2 均未知。现从中抽取 16 个零件，测得样本均值 $\bar{x} = 20\text{cm}$ ，样本标准差 $s = 1\text{cm}$ ，求参数 μ 的置信水平为 0.90 的置信区间。

6. 设 $X_1, X_2, \cdots, X_n$ 为总体 $N(\mu, \sigma^2)$ 的一个样本， σ^2 已知， $0 < \alpha < 1$ ，若 $\left(\overline{X} - b\dfrac{\sigma}{\sqrt{n}}, \overline{X} + a\dfrac{\sigma}{\sqrt{n}}\right)$ 为 μ 的一个置信度为 0.96 的一个置信区间，且 $b = z_{0.01}$ ，试确定 a 的值。

7*. 设总体 $X \sim N(\mu, \sigma^2), \mu$ 未知， $\sigma^2 = 0.3^2, 12.6, 13.4, 12.8, 13.2$ 为从总体 X 中抽取的一个样本，求 μ 的置信度为 0.95 的一个置信区间。

第七章第三次作业 班级_____姓名_____学号_____

1. 设由来自正态总体 $X \sim N(\mu, 0.9^2)$ 的容量为 9 的样本计算得样本均值 $\bar{x} = 5$，求参数 μ 置信水平为 0.95 的置信区间_____。

2. 设 $X_1, X_2, \cdots, X_n$ 是来自分布 $N(\mu, \sigma^2)$ 的样本，$\mu = 6.5$，且有样本值 7.5，2.0，12.1，8.8，9.4，7.3，1.9，2.8，7.0，7.3.试求 σ 的置信水平为 0.95 的置信区间_____。

3. 设 $X_1, X_2, \cdots, X_n$ 为总体 $N(\mu, \sigma^2)$ 的一个样本，则方差 σ^2 的一个置信区间为 $1 - \alpha$ 的一个置信区间为（   ）。

　　A. $(\dfrac{(n-1)S^2}{\chi^2_{1-\frac{\alpha}{2}}(n-1)}, \dfrac{(n-1)S^2}{\chi^2_{\frac{\alpha}{2}}(n-1)})$ 　　　　B. $(\dfrac{(n-1)S^2}{\chi^2_{\frac{\alpha}{4}}(n-1)}, \dfrac{(n-1)S^2}{\chi^2_{1-\frac{\alpha}{4}}(n-1)})$

　　C. $(\dfrac{(n-1)S^2}{\chi^2_{\frac{\alpha}{4}}(n-1)}, \dfrac{(n-1)S^2}{\chi^2_{1-\frac{3\alpha}{4}}(n-1)})$ 　　　　D. $(\dfrac{(n-1)S^2}{\chi^2_{1-\frac{3\alpha}{4}}(n-1)}, \dfrac{(n-1)S^2}{\chi^2_{\frac{\alpha}{4}}(n-1)})$

4. 岩石密度的测量误差服从正态分布，随机抽测 12 个样本，得方差 $s^2 = 0.2^2$，则 σ^2 的置信度为 0.90 的置信区间为（   ）。

　　A. $(0.02, 0.10)$ 　　　　　　　　B. $(0.01, 0.12)$

　　C. $(0.03, 0.20)$ 　　　　　　　　D. $(0.01, 0.2)$

5. 分别使用金球和铂球测定引力常数

（1）用金球测定观察值为 6.683，6.681，6.676，6.678，6.679，6.672。

（2）用铂球测定观察值为 6.661，6.661，6.667，6.667，6.664。

设测定值总体服从正态分布 $N(\mu, \sigma^2)$，且用金球和用铂球测定时测定值总体的方差相等，求两个测定值总体均差值的置信度为 0.90 的置信区间。

6. 两机床加工同一零件，分别抽取 6 个和 9 个零件，测量其长度算得 $s_1^2 = 0.245$，$s_2^2 = 0.357$。假定两台机床加工的零件长度分别服从正态分布，试求 $\dfrac{\sigma_1^2}{\sigma_2^2}$ 的置信度为 0.95 的一个置信区间。

7*. 随机地从 A 批导线中抽取 4 根，从 B 批中抽取 5 根，测得其电阻（单位：欧姆）并计算得：$\bar{x}_A = 0.1425, 3s_A^2 = 0.000025$；$\bar{x}_B = 0.1392, 4s_B^2 = 0.000021$。设测试数据（导线电阻）分别服从正态分布 $N(\mu_1, \sigma^2)$ 和 $N(\mu_2, \sigma^2)$，试求 $\mu_1 - \mu_2$ 的置信度为 0.95 的置信区间。

第七章第四次作业 班级＿＿＿＿＿＿姓名＿＿＿＿＿＿学号＿＿＿＿＿＿

1. 设某种灯泡的寿命 $X \sim N(\mu, \sigma^2)$，其中 μ 未知，$\sigma^2 = 99.12$，今随机抽取 9 只灯泡，寿命平均值 $\bar{x} = 1250$ 小时，则 μ 的置信度为 0.95 的单侧置信下限为＿＿＿＿＿＿。

2. 为估计某台切割机的加工精度，取其加工的产品 25 件，测量产品长度，测得样本方差 $s^2 = 14.06$，若产品长度服从 $N(\mu, \sigma^2)$，则 σ^2 的置信度为 0.95 的单侧置信上限为＿＿＿＿＿＿。

3. 从一批电子元件中随机地抽取 10 件做寿命试验，其寿命（以小时计）如下：
1498, 1499, 1501, 1503, 1500, 1499, 1499, 1498, 1500, 1503，设寿命服从正态分布，其置信度为 0.95 的置信下限为＿＿＿＿＿＿。

4. 随机地取某种炮弹 9 发做试验，得炮口速度的样本标准差 $s=11$（m/s），设炮口速度服从正态分布，则这种炮弹的炮口速度的速度标准差 σ 的置信度为 0.95 的置信上限为（ ）。

  A. 18.22   B. 18.82

  C. 10.95   D. 15.66

5. 设从总体 X 中取得一个容量为 10 的样本，得到样本平均值 $\overline{X} = 500$，标准差 $S_1 = 1.10$；从总体 Y 中取一容量为 20 的样本，得到样本平均值 $\overline{Y} = 496$，标准差 $S_2 = 1.20$。假设两样本都近似地服从正态分布，且可认为其方差相等，求 $\mu_1 - \mu_2$ 的置信度为 0.95 的单侧置信下限。

6. 为估计制造某种产品所需要的单件平均工时（单位：h），现制造 5 件，记录每件所需要工时为 10.5，11，11.2，12.5，12.8。设制造单件产品所需工时服从正态分布，给定置信水平为 0.95，试求平均工时的单侧置信上限。

7*. 设总体 $X \sim N(\mu, \sigma^2), \mu$ 已知，σ^2 未知，$X_1, X_2, \cdots, X_n$ 为取自总体 X 的一个样本，试证明在置信度为 $1-\alpha$ 下 σ^2 的一个置信区间为 $\left(\dfrac{\sum\limits_{i=1}^{n}(X_i - \mu)^2}{\chi^2_{\frac{\alpha}{2}}(n)}, \dfrac{\sum\limits_{i=1}^{n}(X_i - \mu)^2}{\chi^2_{1-\frac{\alpha}{2}}(n)} \right)$。

第七章复习题　　班级＿＿＿＿＿＿姓名＿＿＿＿＿＿学号＿＿＿＿＿＿

1. 设总体 X 的概率密度函数为 $f(x)=\begin{cases}\dfrac{1}{\theta}x^{\frac{1-\theta}{\theta}}, & 0<x<1\\[2mm] 0, & \text{其他}\end{cases}$

其中 $\theta(\theta>0)$ 为未知参数，$X_1,X_2,\cdots,X_n$ 为来自总体 X 的一个样本，试求：

（1）θ 的距估计量；

（2）θ 的最大似然估计量。

2. 设总体 X 在 $(0,\theta)$ 上服从均匀分布，θ 未知，$\theta>0, X_1,X_2,\cdots,X_4$ 为取自这个总体的一个样本，试证明 $\widehat{\theta}=5\min_{1\leqslant i\leqslant 4}X_i$ 为 θ 的无偏估计。

3. 某厂利用两条自动化流水线灌装番茄酱，分别从两条流水线上抽取容量为 $n_1=12$ 和 $n_2=17$ 两个样本计算得到 $\bar{x}=10.6\text{g}, s_1^2=2.4, s_2^2=4.7$。假设两条流水线灌装的番茄酱的重量服从正态分布 $N(\mu_1,\sigma_1^2)$ 与 $N(\mu_2,\sigma_2^2)$，且两个样本构成的合样本相互独立。当 $\sigma_1^2=\sigma_2^2$ 未知时，求两总体均值之差 $\mu_1-\mu_2$ 的置信水平为 0.95 的置信区间。

4. 设总体 X 服从 $(0, \theta)$ 上均匀分布，$X_1, X_2, \cdots, X_n$ 为总体 X 的一个样本，$X_{(n)} = \max\limits_{1 \leqslant i \leqslant n} X_i$，证明 $Y = \dfrac{X_{(n)}}{\theta}$ 的分布与 θ 无关；利用 Y，求出 θ 的置信度为 $1 - \alpha$ 的一个置信上限。

5. 总体 $X \sim b(1, p)(0 < p < 1)$，即 $P\{X = 1\} = p, P\{X = 0\} = 1 - p$。现从总体 X 中抽取一个大样本 $X_1, X_2, \cdots, X_n(n$ 很大，一般大于 $50)$，利用中心极限定理证明 P 的置信度为 $1 - \alpha$ 的一个置信区间近似为：$\left(\dfrac{m}{n} - z_{\frac{\alpha}{2}}\sqrt{\dfrac{1}{n}\dfrac{m}{n}(1 - \dfrac{m}{n})}, \dfrac{m}{n} + z_{\frac{\alpha}{2}}\sqrt{\dfrac{1}{n}\dfrac{m}{n}(1 - \dfrac{m}{n})}\right)$，其中 m 表示 $X_1, X_2, \cdots, X_n$ 中恰有 m 个取值为 1（与课本 P201－202 页中 (p_1, p_2) 相比较）。

6. 从一大批产品中随机抽出 100 个检查，其中有 60 个合格品，利用课本（《概率论与数理统计》第 8 题的方法）求这批产品的合格率 P 的置信度为 0.95 的一个置信区间（与课本 P168 例题结果相比较）。

第八章 假设检验

假设检验的基本思想

假设检验实质上是带有某种概率性质的反证法。为了检验一个假设 H_0 是否正确，首先假定该假设 H_0 正确，然后根据样本对假设 H_0 作出接受或拒绝的决策。如果样本观察值导致了不合理的现象的发生，就应拒绝假设 H_0，否则应接受假设 H_0。假设检验中所谓"不合理"，并非逻辑中的绝对矛盾，而是基于人们在实践中广泛采用的原则，即小概率事件在一次试验中是几乎不发生的。但概率小到什么程度才能算作"小概率事件"，显然，"小概率事件"的概率越小，否定原假设 H_0 就越有说服力。常记这个概率值为 $\alpha(0<\alpha<1)$，称为检验的显著性水平。对不同的问题，检验的显著性水平 α 不一定相同，但一般应取为较小的值，如 0.1，0.05 或 0.01 等。

假设检验的两类错误

当假设 H_0 正确时，小概率事件也有可能发生，此时我们会拒绝假设 H_0，因而犯了"弃真"的错误，称此为第一类错误。犯第一类错误的概率恰好就是"小概率事件"发生的概率 α，即 $P\{拒绝 H_0 | H_0 为真\}=\alpha$。反之，若假设 H_0 不正确，但一次抽样检验结果，未发生不合理结果，这时我们会接受 H_0，因而犯了"取伪"的错误，称此为第二类错误。记 β 为犯第二类错误的概率，即 $P\{接受 H_0 | H_0 不真\}=\beta$。理论上，自然希望犯这两类错误的概率都很小。当样本容量 n 固定时，α、β 不能同时都小，即 α 变小时，β 就变大；而 β 变小时，α 就变大。一般只有当样本容量 n 增大时，才有可能使两者变小。在实际应用中，一般原则是：控制犯第一类错误的概率，即给定 α，然后通过增大样本容量 n 来减小 β。

假设检验问题的一般提法

在假设检验问题中，把要检验的假设 H_0 称为原假设(零假设或基本假设)，把原假设 H_0 的对立面称为备择假设或对立假设，记为 H_1。

假设检验的一般步骤：

（1）根据实际问题的要求，充分考虑和利用已知的背景知识，提出原假设 H_0 及备择假设 H_1；

（2）给定显著性水平 α 以及样本容量 n；

（3）确定检验统计量 U，并在原假设 H_0 成立的前提下导出 U 的概率分布，要求 U 的分布不依赖于任何未知参数；

（4）确定拒绝域，即依据直观分析先确定拒绝域的形式，然后根据给定的显著性水平

α 和 U 的分布，由 $P\{$拒绝 $H_0 \mid H_0$ 为真$\}=\alpha$ 确定拒绝域的临界值，从而确定拒绝域；

（5）做一次具体的抽样，根据得到的样本观察值和所得的拒绝域，对假设 H_0 作出拒绝或接受的判断。

总体均值的假设检验

方差 σ^2 已知情形。设总体 $X \sim N(\mu, \sigma^2)$，其中总体方差 σ^2 已知，$X_1, X_2, \cdots, X_n$ 是取自总体 X 的一个样本，$\bar{X}$ 为样本均值，检验假设 $H_0: \mu = \mu_0, H_1: \mu \neq \mu_0$。其中 μ_0 为已知常数当 H_0 为真时，$U = \dfrac{\bar{X} - \mu_0}{\sigma / \sqrt{n}} \sim N(0,1)$，故选取 U 作为检验统计量，记其观察值为 u，相应的检验法称为 u 检验法。

方差 σ^2 未知情形。设总体 $X \sim N(\mu, \sigma^2)$，其中总体方差 σ^2 未知，$X_1, X_2, \cdots, X_n$ 是取自 X 的一个样本，$\bar{X}$ 与 S^2 分别为样本均值与样本方差，检验假设 $H_0: \mu = \mu_0, H_1: \mu \neq \mu_0$。其中 μ_0 为已知常数，当 H_0 为真时，$T = \dfrac{\bar{X} - \mu_0}{S / \sqrt{n}} \sim t(n-1)$，故选取 T 作为检验统计量，记其观察值为 t，相应的检验法称为 t 检验法。

总体方差的假设检验

设 $X \sim N(\mu, \sigma^2)$，$X_1, X_2, \cdots, X_n$ 是取自 X 的一个样本，$\bar{X}$ 与 S^2 分别为样本均值与样本方差，检验假设 $H_0: \sigma^2 = \sigma_0^2, H_1: \sigma^2 \neq \sigma_0^2$。其中 σ_0 为已知常数，当 H_0 为真时，$\chi^2 = \dfrac{n-1}{\sigma_0^2} S^2 \sim \chi^2(n-1)$；故选取 χ^2 作为检验统计量，称为 χ^2 检验法。

正态总体均值差的假设检验

方差 σ_1^2, σ_2^2 已知情形：检验假设 $H_0: \mu_1 - \mu_2 = \mu_0, H_1: \mu_1 - \mu_2 \neq \mu_0$。其中 μ_0 为已知常数。当 H_0 为真时，$U = \dfrac{\bar{X} - \bar{Y} - \mu_0}{\sqrt{\sigma_1^2 / n_1 + \sigma_2^2 / n_2}} \sim N(0,1)$，故选取 U 作为检验统计量，记其观察值为 u。称相应的检验法为 u 检验法。

方差 σ_1^2, σ_2^2 未知，但 $\sigma_1^2 = \sigma_2^2 = \sigma^2$ 检验假设 $H_0: \mu_1 - \mu_2 = \mu_0, H_1: \mu_1 - \mu_2 \neq \mu_0$。其中 μ_0 为已知常数，当 H_0 为真时，$T = \dfrac{\bar{X} - \bar{Y} - \mu_0}{S_w \sqrt{1/n_1 + 1/n_2}} \sim t(n_1 + n_2 - 2)$，故选取 T 作为检验统计量，记其观察值为 t，称为 t 检验法。

双总体方差相等的假设检验

设 $X_1, X_2, \cdots, X_{n_1}$ 为取自总体 $N(\mu_1, \sigma_1^2)$ 的一个样本，$Y_1, Y_2, \cdots, Y_{n_2}$ 为取自总体 $N(\mu_2, \sigma_2^2)$ 的一个样本，并且两个样本相互独立，记 $\bar{X}$ 与 $\bar{Y}$ 分别为相应的样本均值，S_1^2 与 S_2^2 分别为相应的样本方差。

检验假设 $H_0: \sigma_1^2 = \sigma_2^2, H_1: \sigma_1^2 \neq \sigma_2^2$。当 H_0 为真时，$F = S_1^2 / S_2^2 \sim F(n_1 - 1, n_2 - 1)$，故选取 F 作为检验统计量，相应的检验法称为 F 检验法。

第八章第一次作业　班级_____姓名_____学号_____

1. 对于单个总体 $N(\mu, \sigma^2), \sigma^2$ 已知时，检验假设 $H_0 : \mu = \mu_0$，采用的是检验法；统计量为_____。

2. 对于显著性水平 α 而言，犯第一类错误的概率 $P(拒绝H_0 / H_0 为真)$ 为_____。

3. 对于正态总体的均值进行检验，如果在显著性水平 0.05 下接受" $H_0: \mu = \mu_0$"，那么在显著性水平 0.01 下（　　　）。

    A. 必接受 H_0 B. 可能接受也可能不接受 H_0

    C. 必拒绝 H_0 D. 不接受也不拒绝 H_0

4. 样本容量 n 固定时，若把 α 减小，则 β 往往（　　　）。

    A. 增大   B. 减小

    C. 不变   D. 不清楚

5. 设某厂生产的一种钢索，其断裂强度 X(单位：kg/cm^2)服从正态分布 $N(\mu, 40^2)$，从中选取一个容量为 9 的样本，计算得 $\bar{x}=780$kg/cm^2，能否据此认为这批钢索的断裂强度为 800kg/cm^2（$\alpha=0.05$）？

6. 某厂所生产的某种细纱直径的标准差为 1.2，现从某日生产的一批产品中，随机的抽取 16 缕进行测量，计算的样本标准差为 2.1。设细纱直径服从正态分布，问细纱的均匀度有无显著性的变化（$\alpha=0.05$，$\chi^2_{0.975}(15)=6.25$，$\chi^2_{0.025}(15)=27.5$）？

7*. 下面列出的是某工厂随机选取的 18 只部件的装配时间（分）：

9.8，10.4，9.6，9.7，9.9，10.9，11.1，9.6，10.2，

10.3，9.6，11.2，10.6，9.8，10.5，10.1，10.5，9.7

设装配时间的总体服从正态分布 $N(\mu, \sigma^2)$，μ、σ^2 均未知，是否可以认为装配时间的均值显著地大于 10（取 $\alpha=0.05$）？

第八章第二次作业　班级_____姓名_____学号_____

1. 对于单个正态总体 $N(\mu,\sigma^2)$ ，均值 μ 未知，作方差的假设检验问题 $H_0:\sigma^2=\sigma_0^2$ ，$H_1:\sigma^2\neq\sigma_0^2$ ，当 H_0 成立时，检验统计量服从_____分布。

2. 对于分别来自于两个正态总体的独立样本，总体的均值和方差 $\mu_1,\mu_2,\sigma_1,\sigma_2$ 均未知，样本方差分别是 S_1^2 、S_2^2 ，需检验假设 $H_0:\sigma_1^2=\sigma_2^2,H_1:\sigma_1^2\neq\sigma_2^2$ ，当 H_0 成立时，检验统计量服从_____分布。

3. 某类钢板的制造规格规定，钢板质量的方差不得超过 0.016kg，从这批钢板中随机抽取 25 块计算得到得样本方差 $s^2=0.025$ 。已知钢板的质量服从正态分布，则在显著性水平 α 下，为检验钢板是否合格的假设检验的拒绝域为（　　　）。

  A. $[\chi_\alpha^2(24),+\infty)$ B. （0，$\chi_\alpha^2(24)$]

  C. $[\chi_\alpha^2(25),+\infty)$ D. （0，$\chi_\alpha^2(25)$]

4. 对于两个正态总体 $X\sim N(\mu_1,\sigma^2),Y\sim N(\mu_2,\sigma^2)$ ， σ 未知，要检验假设 $H_0:\mu_1-\mu_2\leqslant\sigma$ ， $H_1:\mu_1-\mu_2>\sigma$ ，检验统计量 $t=\dfrac{\overline{X}-\overline{Y}-(\mu_1-\mu_2)}{S_w\sqrt{\dfrac{1}{n_1}+\dfrac{1}{n_2}}}$ ，其拒绝域为（　　　）。

  A. $t\geqslant t_\alpha(n_1+n_2-2)$ B. $t\leqslant t_\alpha(n_1+n_2-2)$

  C. $t\leqslant t_{\frac{\alpha}{2}}(n_1+n_2-2)$ D. $|t|\geqslant t_{\frac{\alpha}{2}}(n_1+n_2-2)$

5. 某电工器材厂生产一种保险丝。测量其熔化时间，依通常情况方差为 400。今从某天产品中抽取容量为 25 的样本，测量其熔化时间并计算得 $\bar{x}=62.24, s^2=404.77$, 问这天保险丝熔化时间分散度与通常有无显著差异($\alpha=1\%$)？假定熔化时间是正态总体。

6. 有两批棉纱，为比较其断裂强力（单位：kg），从中各取一个样本，测试整理后得

第一批：n_1=200，$\bar{x}$=0.532，s_1=0.218

第二批：n_2=100，$\bar{y}$=0.576，s_2=0.198

假设棉纱的断裂强力服从正态分布，由两个样本构成的合样本相互独立，试问两批棉纱的断裂强力有无显著的差异？

（α=0.05，$F_{0.025}(99,199)$=1.33，$F_{0.025}(199,99)$=1.395，$t_{0.025}(298)$=1.96）

第八章复习题　班级＿＿＿＿＿＿＿姓名＿＿＿＿＿＿＿学号＿＿＿＿＿＿＿

1. 设总体 $X \sim N(\mu, 1)$，由来自总体 X 的容量为 100 的样本计算得样本均值 $\bar{x} = 5.22$，问在显著性水平 $\alpha = 0.01$ 下，能否认为总体均值为 5（$z_{0.005} = 3.27$）。

2. 为了比较两种枪弹的速度(m/s)，在相同条件进行速度测定。算得样本平均值和样本标准差：

枪弹甲 $n_1 = 110$，$\overline{x_1} = 28.05$　$s_1 = 120.41$

枪弹乙 $n_2 = 110$，$\overline{x_2} = 27.65$　$s_2 = 100.81$

在显著水平 $\alpha = 0.05$ 下，这两种枪弹的（平均）速度有无显著差异？

3. 设生产线生产的物品重量（单位：千克）服从正态分布，要求其标准差不得超过 15 千克，现从生产线上随机地抽查 10 件物品，测得物品重量的样本标准差 $s = 30$ 千克，问在显著性水平 $\alpha = 0.05$ 下，生产线是否正常（$\chi^2_{0.05}(9) = 16.919$）？

4. 为了研究机器 A，B 生产的钢管内径（单位：mm），随机地抽取 A 机器生产的钢管 8 根，测得样本方差为 $s_1^2 = 0.29$，随机地抽取 B 机器生产的钢管 9 根，测得样本方差为 $s_2^2 = 0.34$。设 A，B 机器生产的钢管内径服从正态分布，由两个样本构成的合样本相互独立，试比较 A，B 机器生产的钢管的精度有无显著性的差异（$\alpha=0.01$，$F_{0.005}(8,7) = 8.68$，$F_{0.005}(7,8) = 7.69$）。

5. 某厂使用 A、B 两种不同的原料生产同一类产品，分别在用 A、B 原料生产的一星期的产品中取样进行测试，取 A 种原料生产的样本 220 件，B 生产的样本 205 件，测得平均重量和重量的方差分别如下：

A：$\overline{x}_A = 2.46$（公斤），$s_A^2 = 0.57^2$（公斤^2），$n_A = 220$

B：$\overline{x}_B = 2.55$（公斤），$s_B^2 = 0.48^2$（公斤^2），$n_B = 205$

设这两个总体都服从正态分布，且方差相同，问在显著性水平 $\alpha = 0.05$ 下能否认为使用原料 B 的产品平均重量比使用原料 A 的要大？

6. 设总体 $X \sim N(\mu,144)$，由来自总体的容量为 36 的样本计算的样本均值 $\overline{x} = 205$，问在显著性水平 $\alpha=0.05$ 下，总体均值为 200 是否合理（$z_{0.025} = 1.96$）

概率论与数理统计模拟试卷之一

一、填空题（每空 2 分，共 18 分）

1. 设 3 次独立试验中每次试验事件 A 出现的概率均为 P，若已知 A 至少出现一次的概率为 $\frac{19}{27}$，则 A 在一次试验中出现的概率 $P =$ _____。

2. 设 $P(A) = 0.5$，$P(A \cup B) = 0.7$，若 $P(A|B) = 0.45$，则 $P(B) =$ _____。

3. 设事件 A 与 B 相互独立，$P(A) = P(B) = a$，$P(A \cup B) = 0.75$，则 $\alpha =$ _____。

4. 设 $\chi_1^2 \sim \chi^2(4), \chi_2^2 \sim \chi^2(5)$ 且 χ_1^2, χ_2^2 相互独立。则 $D(\chi_1^2 + \chi_2^2) =$ _____。

5. 已知 $E(X) = E(Y) = 6$，$E(XY) = 3$，则 X, Y 的协方差 $\text{Cov}(X, Y) =$ _____。

6. 设总体 $X \sim N(\mu, 1), X_1, X_2, X_3$ 为取自总体 X 的一个样本，

$$\hat{\mu}_1 = \frac{1}{3}X_1 + \frac{2}{3}X_2, \hat{\mu}_2 = \frac{1}{4}X_2 + \frac{3}{4}X_3, \hat{\mu}_3 = \frac{1}{3}(X_1 + X_2 + X_3)$$

则 $\hat{\mu}_1$，$\hat{\mu}_2$，$\hat{\mu}_3$ 中 μ 的无偏估计为_____，上述估计量中_____较有效。

7. 对于单个总体 $N(\mu, \sigma^2), \sigma^2$ 已知时，检验假设 $H_0 : \mu = \mu_0$，采用的是_____检验法；统计量为_____。

二、从 0，1，2，…，9 这 10 个数字中任意选出 3 个不同的数字，事件 $A=\{3$ 个数字中不含 3 或不含 5$\}$，求 $P(A)$。（10 分）

三、设随机变量 X 的概率密度函数为 $f(x) = \begin{cases} A-x, & 0 < x < 1 \\ 0, & \text{其他} \end{cases}$ ，（1）求 A；（2）求 $D(X)$；（3）求 $Y=X^2$ 的概率密度函数。（15分）

四、已知某商品的优质品率为 60%，今取用 200 件，试问由 100 件到 140 件优质品的概率是多少？（10分）

五、设总体 X 的概率密度函数为 $f(x,\theta)=\begin{cases}\dfrac{1}{\theta}, & 0<x<\theta \\ 0, & 其他\end{cases}$ ，θ 未知，$X_1,X_2,\cdots,X_n$

为从总体 X 中取出的一个样本，求 θ 矩估计量和最大似然估计量。（12 分）

六、设总体 $X \sim N(\mu,3^2)$，现抽取容量 10 的一个样本，得 $\overline{x}=48.2$，求 μ 的一个置信度为 0.95 的置信区间。（10 分）

七、设 (X,Y) 的概率密度函数为 $f(x,y)=\begin{cases} C, & 0<x<y<2 \\ 0, & \text{其他} \end{cases}$，求：（1）C；（2）$Y$ 的边缘概率密度函数 $f_Y(y)$；（3）$Z=\dfrac{X}{Y}$ 的概率密度函数。（15 分）

八、设某次考试的考生成绩服从正态分布，从中随机抽取 16 位考生的成绩，得平均成绩为 66.5 分，标准差为 12 分，问在显著性水平 0.05 下，是否可以认为这次考试全体考生的平均成绩为 70 分？（10 分）

概率论与数理统计模拟试卷之二

一、填空题（每空 2 分，共 16 分）

1. 设 A，B 为两个随机事件，通过 A，B 的运算关系在空白内分别写出下列事件：（1）A，B 都发生，（2）A，B 至少有一个发生。

2. 一批产品中有 9 个正品和 2 个次品，现随机抽取两次，每次取一个，取后不放回，则第二次取出的是次品的概率为_____。

3. 设 A，B，C 为三个随机事件，$P(A)=P(B)=P(C)=0.3$，$P(AB)=P(AC)=0.2$，$P(BC)=0$，则 $P(A\cup B\cup C)=$_____。

4. 设随机变量 X 的概率密度函数为 $f(x)=\begin{cases} |x|, & -1<x<1 \\ 0, & \text{其他} \end{cases}$，$E(X)=$____，$D(X)=$_____。

5. 已知 $E(X)=1$，$E(Y)=2$，$E(XY)=3$，则 X，Y 的协方差 $\text{Cov}(X,Y)=$_____。

6. 设总体 X 服从参数为 λ 的指数分布，其中 λ 未知，$X_1, X_2, \cdots, X_n$ 为来自总体 X 的样本，则 λ 的矩估计为_____。

7. 设总体 X 服从正态分布 $N(\mu, \sigma^2)$，$X_1, X_2, \cdots, X_n$ 为其样本，S^2 为样本方差，且 $\dfrac{cS^2}{\sigma^2}\sim\chi^2(n-1)$，则常数 $c=$_____。

8. 设随机变量 X，Y 相互独立，$X\sim(n_1)$，$Y\sim\chi^2(n_2)$，则随机变量 $\dfrac{X/n_1}{Y/n_2}\sim$_____。

二、有两箱同类型的零件，第一箱装 30 个，其中有 10 个是一等品，其他为次品；第二箱装 40 个，其中有 18 个是一等品，其他为次品；现从两箱中任取一箱，然后再从该箱中任取一个零件。（1）求此零件是一等品的概率；（2）若已知取出的是一等品，问该零件取于第二箱的概率。（12 分）

三、设随机变量 X 的概率密度函数为 $f(x) = \begin{cases} \dfrac{3}{2}x^2, & -1 < x < 1 \\ 0, & \text{其他} \end{cases}$

（1）求 X 的分布函数；（2）求 $P(X>-0.5)$；（3）$Y=3X+1$ 的概率密度函数。（12分）

四、设总体 X 的概率密度函数为 $f(x,\theta) = \begin{cases} \theta x^{\theta-1}, & 0 < x < 1 \\ 0, & \text{其他} \end{cases}$ θ 未知，$X_1, X_2, \cdots, X_n$ 为从总体 X 中取出的一个样本，求 θ 矩估计量和最大似然估计量。（12分）

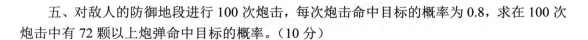

五、对敌人的防御地段进行 100 次炮击，每次炮击命中目标的概率为 0.8，求在 100 次炮击中有 72 颗以上炮弹命中目标的概率。（10 分）

六、设总体 $X \sim N(\mu, 2^2)$，为使 μ 的一个置信度为 0.95 的置信区间长度小于 1，问样本容量 n 至少应取多大？（12 分）

七、设连续型随机变量 (X, Y) 的概率密度函数为 $f(x, y) = \begin{cases} k(6 - x - y), & 0 < x < 2, 0 < y < 4 \\ 0, & \text{其他} \end{cases}$，

求：（1）常数 k ；（2）$P(X + Y \leqslant 2)$ ；（3）X 的边缘概率密度 $f_x(x)$ 。（12分）

八、某厂自动包装机包装味精，其流水线每袋额定重量为 200 克，设每袋重量服从正态分布，某日开工抽检 9 袋，测得重量如下：204, 205, 195, 196, 198, 208, 204, 205, 205。问包装机是否正常工作？（$\alpha = 0.05$）（10分）